汕头礐石风景名胜区常见植物图鉴

白昆立 黎荣彬 郑文松 唐光大 主编

中国林业出版社
China Forestry Publishing House

图书在版编目（CIP）数据

汕头礐石风景名胜区常见植物图鉴 / 白昆立等主编 . -- 北京：中国林业出版社，2022.12

ISBN 978-7-5219-1998-1

Ⅰ . ①汕… Ⅱ . ①白… Ⅲ . ①风景区—植物—汕头—图集Ⅳ . ① Q948.526.53-64

中国版本图书馆 CIP 数据核字 (2022) 第 236149 号

汕头礐石风景名胜区常见植物图鉴　　　　　白昆立　黎荣彬　郑文松　唐光大　主编

出版发行：中国林业出版社（中国·北京）

地　　址：北京市西城区德胜门内大街刘海胡同 7 号

策划编辑：王颢颖

责任编辑：张　健　吴文静　　　　　　　　装帧设计：广州柏桐文化传播有限公司

印　刷：北京雅昌艺术印刷有限公司

开　本：889 mm×1194 mm　1/16

印　张：13

字　数：459 千字

版　次：2022 年 12 月第 1 版　第 1 次印刷

定　价：148.00 元

编委会

主　编：白昆立　　黎荣彬　　郑文松　　唐光大
副主编：邓洪涛　　何金全　　彭剑武　　陈蕾伊

参编人员（按姓氏笔画排序）：

王　云	王先志	邓洪兰	叶雪凌
乐　平	吕　兰	朱晓宏	刘伯权
刘　晶	许也娜	苏玉贞	李益民
杨宇元	杨安华	杨艳婷	杨海东
吴欢燕	何　蕾	张　铭	陈佳斌
林文欢	林杰妤	林海雄	罗俊璇
郑　妍	郑柏楷	郑道序	姜　垒
洪少坚	聂兰聪	唐志斌	黄妃本
黄　婷	梁银凤	赖宇燕	潘钰颖

前　言

森林是陆地生态系统的主体，是人类赖以生存和发展的重要物质基础。野生植物是生态系统的重要组成部分，是十分珍贵的资源。森林植物资源调查是林业生态建设中最重要、最全面的基础性调查工作，摸清森林植物资源家底，对保护和合理利用野生植物资源，实现可持续发展，具有十分重要的战略意义。

汕头市礐石风景名胜区成立于 1958 年，位于濠江区礐石海南岸，与中心城区隔海相望，有大小山峰 43 座，山脉蜿蜒不断，峰势起伏不定，多属花岗岩地貌。花岗岩经长期地质变迁和风化，形成石蛋地貌，裸露于山顶和山腰缓坡处，构成千姿百态的奇石和怪石。因特殊的海滨丘陵地形和石蛋地貌结构，植物生长的空间比较狭窄，多数在仅有一些潮湿土壤的石缝处生长，只有部分区域有较为成片的土壤环境。

为做好汕头市礐石风景名胜区森林植物资源调查，及时掌握森林植物种类、分布和种群变化，摸清自然资源家底，以方便礐石风景名胜区管理部门和工作人员开展日常管护、物种识别和科普教育等。由汕头市礐石风景名胜区管理局委托广东省岭南院勘察设计有限公司负责本次植物资源考察，华南农业大学林学与风景园林学院师生协助完成。着重将调查统计到的植物编撰成本书，为相关部门和汕头市中小学学生等提供学习参考资料。

本次在汕头市礐石风景名胜区北部核心景区范围内共调查统计到的维管植物种类有478 种（含种下等级），隶属于 114 科 333 属，其中蕨类植物 10 科 15 属 24 种；裸子植物 7 科 11 属 11 种；被子植物 97 科 307 属 443 种。本次调查统计到的野生植物210 种，栽培植物 268 种。区内主要林分结构为复层林，也保存有较多的野生植物种类。在风景区多年的建设过程中，引种栽培了不少适于本地生长、观赏价值较高的树木、花卉。区内现存古树 25 株，均为三级古树，其中木棉最多，现存的古树目前生长状况良好。

本书植物种编排顺序按系统分类法排序，主要参考最新的分子系统（APG IV 系统）、《广东维管植物多样性编目》（王瑞江，2017）。

由于本次调查时间较为匆忙，可能有部分物种未记录到，错漏之处，望读者和专家不吝指出。

目录

前言

第一部分

植物资源分析

1 自然概况

汕头市礐石风景名胜区地处濠江区北部，汕头内海湾南岸，韩江、榕江、练江三江汇流出海口西侧，与中心城区隔海相望。南与达濠接连，处于东经116°38′53″~116°43′24″，北纬23°17′48″~23°20′59″。礐石风景名胜区有大小山峰43座，山脉蜿蜒不断，由东北向西南倾斜，峰势起伏，最高峰香炉山，海拔198m，山脉向东北延伸为礐石山地，向东南延伸为中部山地，中部山地以南间有小块平地，多属花岗岩地貌。花岗岩经长期地质变迁风化，形成石蛋地貌，裸露于山顶和山腰缓坡处，巨石也堆积于山沟凹处，构成千姿百态的奇石和怪石，成为风景区的独特景观之一。

风景名胜区所在位置属亚热带海洋性气候，冬无严寒，夏无酷暑，气候温和湿润。年平均气温21.3℃，7月平均气温28.2℃，1月平均气温13.2℃，相对年平均湿度82%；年均降水量1536mm，汛期集中在4~9月，占全年总降水量的80%。常年主导风向和强风向均为东北偏东，夏季多偏南风。年均出现五级以上强风39次，为多风易旱地区。

2 植物资源概况

礐石风景名胜区原生植被较少，因特殊的海滨丘陵地形和石蛋地貌结构，植物生长的空间比较狭窄，多数生长在仅有一些潮湿土壤的石缝处，只有部分区域有较为成片的土壤环境。本次在北部核心景区范围内共调查统计到的维管植物种类有478种（含种下等级），隶属于114科333属，其中蕨类植物10科15属24种；裸子植物7科11属11种；被子植物97科

307属443种（表1）。风景区内野生植物相对较少，本次调查统计到的野生植物210种，栽培植物268种。

2.1 科的区系组成

在所有科中，超过10个种的大科有12科，占总科数的10.53%，种数204种（表2），占调查统计的全部种类的43.10%，尤其以豆科Fabaceae、禾本科Poaceae、菊科Asteraceae、大戟科Euporbiaceae的种类占绝大多数，这几个科均为全球性的大科，种类丰富，适应性广，在礐石风景名胜区野生和栽培种类都比较常见；天门冬科Asparagaceae、棕榈科Arecaceae、桑科Moraceae、桃金娘科Myrtaceae等种类也较多，但主要为栽培种，尤其是棕榈科，总种数有16种，均为栽培种，说明棕榈科植物在礐石风景区得到广泛使用，主要在广场、行道树、园景绿化等地栽培较多。

另外，种数为5~10种的较大科有17科，占总科数的14.91%，包含122种植物，占本次调查统计的总种数的25.52%，其中野生种49种，栽培种73种；其中叶下珠科Phyllanthaceae（10种）、芸香科Rutaceae（10种）、夹竹桃科Apocynaceae（10种）、天南星科Araceae（10种）、凤尾蕨科Pteridaceae（9种）、五加科Araliaceae（8种）的种类较多，其余科的种类也较少。种数为2~4种的寡种科有39科，占总科数的34.21%，包含104种植物，占总种数的21.76%，其中野生种48种，栽培种56种，包括常见的龙眼Dimocarpus longan、荔枝Litchi chinensis、桂花Osmanthus fragrans等。单种科的数量最大，有46科，占总科数的40.35%，包含常见的苏铁Cycas revoluta、南洋杉Araucaria heterophylla、睡莲Nymphaea tetragona、橄榄Canarium album、木麻黄Casuarina equisetifolia等。

表1 礐石风景名胜区维管植物种类统计

项目	科数	属数	种数	野生种数	栽培种数
蕨类植物	10	15	24	23	1
裸子植物	7	11	11	0	11
被子植物	97	307	443	187	256
合计	114	333	478	210	268

表2 种数超过10种的大科统计

科名	科学名	种数	野生种数	栽培种数
豆科	Fabaceae	31	14	17
禾本科	Poaceae	26	22	4
菊科	Asteraceae	21	20	1
大戟科	Euporbiaceae	18	6	12
天门冬科	Asparagaceae	16	1	15
棕榈科	Arecaceae	16	0	16
桑科	Moraceae	16	1	15
桃金娘科	Myrtaceae	13	3	10
唇形科	Lamiaceae	13	8	5
竹亚科	Bambusoideae	11	3	8
锦葵科	Malvaceae	11	4	7
茜草科	Rubiaceae	11	11	0
合计		204	84	110

2.2 属的区系组成

在所有属中，超过 5 个种的属有 7 属，分别为榕属 *Ficus*、箣竹属 *Bambusa*、凤尾蕨属 *Pteris*、龙血树属 *Dracaena*、大戟属 *Euphorbia*、蒲桃属 *Syzygium*、鹅掌柴属 *Heptapleurum*，仅占总属数的 2.10%，种数 46 种（表 3），占调查统计的全部种类的 9.62%，其中榕属植物种类最多，13 种，均为栽培种。在野外调查过程中，未记到非常常见的粗叶榕 *Ficus hirta*、变叶榕 *F. variolosa* 等种类，可能与磐石风景名胜区的土层少，多数为花岗岩岩石有关。栽培的箣竹属植物也较丰富，有 7 种；野生的凤尾蕨属植物较为丰富，有 6 种，最常见的为半边旗 *Pteris semipinnata*、井栏边草 *P. multifida* 等；龙血树属植物均为栽培植物，主要有彩叶龙血树 *Dracaena marginata* 'Tricolor Rainbow' 等；大戟属和蒲桃属的栽培种各有 3 种。

表 3　种数超过 5 种的属统计

属名	属学名	总种数	野生种数	栽培种数
榕属	*Ficus*	13	0	13
箣竹属	*Bambusa*	7	0	7
凤尾蕨属	*Pteris*	6	6	0
龙血树属	*Dracaena*	5	0	5
大戟属	*Euphorbia*	5	2	3
蒲桃属	*Syzygium*	5	2	3
鹅掌柴属	*Heptapleurum*	5	1	4
合计		46	11	35

种数为 2~4 种的属有 76 属，占总属数的 22.82%，包含 182 种植物，占本次调查统计的总种数的 38.08%，包括在磐石风景名胜区非常常见的樟属 *Cinnamomum*（2 种）、天料木属 *Homalium*（2 种）、重阳木属 *Bischofia*（2 种）等。单种属的数量最多，有 250 属，占总属数的 75.08%，棕榈科、豆科等大科也有不少单种属，是风景名胜区非常重要的乔木层树种，如海红豆 *Adenanthera microsperma*、蒲葵 *Livistona chinensis*、大王椰子 *Roystonea regia* 等。

3 风景名胜区的植被

磐石风景区内主要林分结构为复层林，主林层大部分是 20 世纪五六十年代营造的人工林，以马尾松 *Pinus massoniana*、台湾相思 *Acacia confusa*、蒲桃 *Syzygium jambos*、榕树 *Ficus microcarpa* 等为主。中层灌木及下层地被为自然繁衍的野生植物及部分栽培植物，主要物种有假苹婆 *Sterculia lanceolata*、鸭脚木 *Heptapleurum heptaphyllum*、桃金娘 *Rhodomyrtus tomentosa*、梅叶冬青 *Ilex asprella*、栀子 *Gardenia jasminoides*、野牡丹 *Melastoma malabathricum*、九节 *Psychotria asiatica*、九里香 *Murraya exotica*、大红花 *Hibiscus rosa-sinensis*、红背桂 *Excoecaria cochinchinensis* 等小乔木或灌木。地被主要为蕨类植物，种类有芒萁 *Dicranopteris pedata*、半边旗、肾蕨 *Nephrolepis cordifolia*、井栏边草和部分禾本科植物等。

风景区内也保存有较多的野生植物种类，如比较耐旱的车桑子 *Dodonaea viscosa*、花大色艳的野牡丹、桃金娘等，都具有较高的观赏价值。在风景区多年的建设过程中，又引种栽培了不少适于本地生长兼有较高观赏价值的树木花卉，如红花油茶 *Camellia semiserrata*、木油桐 *Vernicia montana*、波罗蜜 *Artocarpus macrocarpon*、落羽杉 *Taxodium distichum*、凤凰木 *Delonix regia*、大叶榄仁 *Terminalia catappa*、乌桕 *Triadica sebifera*、三角梅 *Bougainvillea spectabilis*、双荚槐 *Cassia bicapsularis*、铁冬青 *Ilex rotunda*、木芙蓉 *Hibiscus mutabilis*、木棉 *Bombax ceiba*、炮仗花 *Pyrostegia venusta* 等，并在近期建成的海湾广场种植有黄花风铃木 *Handroanthus chrysanthus*、火焰木 *Spathodea campanulata*、红花玉蕊 *Barringtonia acutangula*、桂花、含笑 *Michelia figo*、美丽异木棉 *Ceiba speciosa* 等，大大丰富了风景区的景观多样性。

4 风景名胜区的古树名木

磐石风景名胜区内现存古树 25 株，均为三级古树，其中木棉最多，有 8 株，榕树次之，有 7 株，其余有秋枫 3 株、杧果 3 株、香樟 2 株、朴树 1 株、榔榆 1 株（表 4），另有 7 株古树由于极端天气，已死亡。现存的古树目前生长较为良好，只是所生长的环境在人为活动频繁的金山中学校园操场旁、第三人民医院等区域，尚需对古树进行精确评估，制定一树一策的具体保护措施，以防现存古树受到干扰，影响古树的生存。风景名胜区内未记录到名木。

5 风景名胜区种植的国家重点保护植物

根据 2021 年 9 月国家林业和草原局和农业农村部发布的最新《国家重点保护野生植物名录》（2021 年第 15 号），磐石风景名胜区的北部核心景区范围内统计有 8 种国家重点保护野生植物（表 5），均为引种栽培。其中一级重点保护野生植物 3 种，均为裸子植物，分别为苏铁 *Cycas revoluta*、银杏 *Ginkgo biloba*、南方红豆杉 *Taxus wallichiana* var. *maire*；二级重点保护野生植物 5 种，分别为罗汉松 *Podocarpus macrophyllus*、墨兰 *Cymbidium sinense*、铁皮石斛

表 4 风景区内的古树名木统计

中文名	学名	树龄（年）	树高（m）	胸围（cm）	冠幅（m）	位置	管护单位	等级	长势
榔榆	*Ulmus parvifolia*	140	20	190	17	管理局后花园内	管理局	三级	良好
杧果	*Mangifera indica*	150	30	240	16	管理局后花园内	管理局	三级	良好
杧果	*M. indica*	220	24	450	18	公安干部学校	公安干部学校	三级	良好
杧果	*M. indica*	200	25	360	33	公安干部学校	公安干部学校	三级	良好
木棉	*Bombax ceiba*	130	35	285	24	第三人民医院	卫生学校	三级	良好
木棉	*B. ceiba*	150	25	340	19	伯公庙前	管理局	三级	良好
木棉	*B. ceiba*	150	28	400	24	海滨公园东湖	管理局	三级	良好
木棉	*B. ceiba*	140	28	370	23	海滨西湖公园	管理局	三级	良好
木棉	*B. ceiba*	160	28	400	28	管理局后花园内	管理局	三级	良好
木棉	*B. ceiba*	170	28	400	24	医生顶 14 号海关楼	管理局	三级	良好
木棉	*B. ceiba*	190	30	510	28	海军停车库	海军部队	三级	良好
木棉	*B. ceiba*	130	28	420	13	礐石小学操场旁	礐石小学	三级	良好
朴树	*Celtis sinensis*	160	16	250	17	小礐石西 21 号安老院	管理局	三级	良好
秋枫	*Bischofia javanica*	210	20	400	11	龙珠路伯公坑	管理局	三级	良好
秋枫	*B. javanica*	180	16	315	9	小礐石教堂前庭	管理局	三级	良好
秋枫	*B. javanica*	140	20	300	23	礐石小学操场旁	礐石小学	三级	良好
榕树	*Ficus microcarpa*	190	25	730	32	第三人民医院	卫生学校	三级	良好
榕树	*F. microcarpa*	270	23	900	45	第三人民医院	卫生学校	三级	良好
榕树	*F. microcarpa.*	140	25	470	22	海滨公园后门	管理局	三级	良好
榕树	*F. microcarpa*	180	22	740	30	桃花洞入口	管理局	三级	良好
榕树	*F. microcarpa*	190	26	560	27	小礐石西 22 号	管理局	三级	良好
榕树	*F. microcarpa*	150	12	530	12	飘然亭广场牌楼	管理局	三级	良好
榕树	*F. microcarpa*	180	26	480	28	海军操场检阅台	海军部队	三级	良好
香樟	*Cinnamonum camphora*	170	26	230	19	金山中学	金山中学	三级	良好
香樟	*C. camphora*	230	24	340	26	海军军事区	海军部队	三级	良好

表 5 风景区内的国家重点保护植物统计

种名	科名	保护级别	分布点
苏铁 *Cycas revoluta .*	苏铁科	一级	风景名胜区管理局、东湖、梦之谷、龙泉洞、财政培训中心
银杏 *Ginkgo biloba*	银杏科	一级	风景名胜区管理局、金山中学、塔山
罗汉松 *Podocarpus macrophyllus*	罗汉松科	二级	风景名胜区管理局、塔山、梦之谷、龙泉洞、寻梦台
南方红豆杉 *Taxus wallichiana* var. *mairei*	红豆杉科	一级	金山中学
墨兰 *Cymbidium sinense*	兰科	二级	风景名胜区管理局
铁皮石斛 *Dendrobium officinale*	兰科	二级	风景名胜区管理局
降香黄檀 *Dalbergia odorifera*	豆科	二级	风景名胜区管理局
土沉香 *Aquilaria sinensis*	瑞香科	二级	风景名胜区管理局

Dendrobium officinale、降香黄檀 *Dalbergia odorifera* 和土沉香 *Aquilaria sinensis*。7 种栽培在礐石风景名胜区管理局内，金山中学种植有银杏和南方红豆杉，金山中学的银杏生长较好，风景名胜区管理局的银杏仅剩较小的树桩，需精细管养。

6 风景名胜区林分改造树种推荐

目前风景名胜区的森林植被多数为马尾松林，部分为大叶相思林。因大叶相思的寿命较短，作为林分上层乔木，已开始枯萎。另外，近年来马尾松的松材线虫疾病传播较快，林分受到松材线虫危害的风险较大，所以风景名胜区的森林植被需要适当人工改造。根据礐石风景名胜区所处的地理位置，地质地貌的立地条件，以及作为汕头市最重要的休闲公园和文化圣地，人流量大，建议对风景名胜区的林分进行逐步改造，结合景观需求和生态需求，建议选用表6所列树种。

7 风景名胜区植物科普和自然教育的建议

礐石风景名胜区地处汕头内海湾南岸，人口密集，区内的植物资源是汕头及其周边地区非常优越的科普教育素材，而且风景名胜区内的摩崖、石刻等人文景观独特，加上紧邻著名的金山中学、英国领事馆旧址等，人文资源也相当丰富。建议风景名胜区做好自然教育的规划设计和布局，并分步有序地做推进自然教育的基础设施建设。并与金山中学密切合作，开展植物科普教育、汕头人文教育等系列自然教育活动，努力申报广东省自然教育基地，为汕头地区中小学自然教育作出应有的贡献。

表6 风景名胜区林分改造推荐树种

种名	学名	果实类型	食果动物类群
樟树	*Cinnanomum camphora*	浆果	鸟类、哺乳类
黄果厚壳桂	*Cryptocarya concinna*	浆果	鸟类、哺乳类
木荷	*Schima superba*	蒴果	啮食类
水翁	*Syzygium nervosum*	浆果	鸟类、哺乳类
红鳞蒲桃	*S. hancei*	蒴果	鸟类、哺乳类
蒲桃	*S. jambos*	蒴果	鸟类、哺乳类
洋蒲桃	*S. samarangense*	浆果	鸟类、哺乳类
山杜英	*Elaeocarpus sylvestris*	核果	哺乳、啮食类
黄桐	*Endospermum chinense*	浆果	鸟类、哺乳类
秋枫	*Bischofia javanica*	核果	鸟类、哺乳类
山乌桕	*Triadica cochinchinensis*	核果	哺乳类
枫香	*Liquidambar formosana*	蒴果	啮食类
中华锥	*Castanopsis chinensis*	坚果	啮食类
朴树	*Celtis sinensis*	核果	鸟类
桂木	*Artocarpus nitidus*	浆果	鸟类、哺乳类
高山榕	*Ficus altissima*	浆果	鸟类、哺乳类
小叶榕	*F. microcarpa*	浆果	鸟类、哺乳类
杂色榕	*F. variegata*	浆果	鸟类、哺乳类
铁冬青	*Ilex rotunda*	浆果	鸟类、哺乳类
珊瑚树	*Vibunum odoratissinum*	核果	鸟类、哺乳类

第二部分

维管植物图鉴

垂穗石松 *Palhinhaea cernuaum* L.

石松科 Lycopodiaceae　　石松属

别名　铺地蜈蚣、灯笼草、水杉、过山龙、垂枝石松

特征简介　主茎直立，光滑无毛，多回不等位二叉分枝；主茎上的叶螺旋状排列，稀疏，钻形至线形，纸质。侧枝上斜，有毛或光滑无毛；侧枝及小枝上的叶螺旋状排列，纸质。孢子叶卵状菱形，覆瓦状排列，具不规则锯齿；孢子囊生于孢子叶腋，圆肾形。

用途　药用。

原产地　产华东中南部、华南、西南东部及湖南。亚洲其他热带地区及亚热带地区、大洋洲、中南美洲有分布。

峑石分布　风景区管理局。

芒萁 *Dicranopteris pedata* (Hout.) Nakai

里白科 Gleicheniacea　　芒萁属

别名　铁芒萁

特征简介　根状茎横走，密被暗锈色长毛。叶疏生，柄光滑，基部以上无毛；叶轴一至二（三）回二叉分枝，叶为纸质，上面黄绿色或绿色，沿羽轴被锈色毛，后变无毛，下面灰白色。孢子囊群圆形，一列，着生于基部上侧或上下两侧小脉的弯弓处，由5~8个孢子囊组成。

用途　林缘、林下或荒地绿化。

原产地　南方广泛分布。日本、印度、越南有分布。

峑石分布　衔远亭、塔山、第三人民医院、文苑、野猪林、寻梦台、防火景观台、西入口、桃花涧路、焰峰车道。

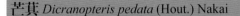

海金沙 *Lygodium japonicum* (Thunb.) Sw.

海金沙科 Lygodiaceae 海金沙属

别名 狭叶海金沙

特征简介 攀缘植株。叶轴具窄边，羽片多数，对生于叶轴短距两侧。不育羽片尖三角形，两侧有窄边，二回羽状，叶干后褐色，纸质；孢子囊穗长2~4mm，长度过小羽片中央不育部分，排列稀疏，暗褐色，无毛。

用途 观赏，药用。

原产地 产于华东、华南、西南东部及湖南、陕西南部。日本、斯里兰卡、爪哇、菲律宾、印度、澳大利亚都有分布。

礐石分布 塔山、梦之谷、龙泉洞、财政培训中心、第三人民医院、衔远亭、文苑、野猪林、寻梦台、防火景观台、西入口、桃花涧路、焰峰车道。

小叶海金沙 *Lygodium microphyllum* (Cav.) R. Br.

海金沙科 Lygodiaceae 海金沙属

特征简介 叶轴纤细，二回羽状。羽片多数，对生于叶轴距，顶端密生红棕色毛；不育羽片生于叶轴下部，长圆形，奇数羽状，或顶生小羽片二叉；叶脉清晰，三出；叶薄草质，干后暗黄绿色，两面光滑；孢子囊穗排列于叶缘，达羽片先端，5~8 对，线形，黄褐色，光滑。

用途 药用，盆栽。

原产地 长江流域及其以南地区广泛分布。印度南部、缅甸、马来群岛、菲律宾。

礐石分布 风景区管理局。

异叶鳞始蕨 *Lindsaea heterophylla* Dry.

鳞始蕨科 Lindsaeaceae　鳞始蕨属

特征简介　根茎短而横走，密被赤褐色钻形鳞片；叶近生，叶柄具4棱，暗栗色，光滑；叶片宽披针形或长圆状三角形，一回羽状或下部为二回羽状；叶脉可见，中脉显著；孢子囊群线形，棕灰色，顶端至基部连续。
用途　观赏，药用。
原产地　产华南、西南地区。菲律宾、马来西亚、越南及中南半岛。
碞石分布　风景区管理局、塔山。

团叶鳞始蕨 *Lindsaea orbiculata* (Lam.) Mett.ex Kuhn

鳞始蕨科 Lindsaeaceae　鳞始蕨属

别名　圆叶林蕨、团叶陵齿蕨、假团叶陵齿蕨、海南陵齿蕨、台湾陵齿蕨、海岛陵齿蕨、卵叶双唇蕨
特征简介　根状茎短而横走，先端密被红棕色的狭小鳞片。叶近生，线状披针形，一回羽状，下部二回羽状；叶草质，干后灰绿色，叶轴禾秆色至棕栗色，有4棱。孢子囊呈长线形。
用途　观赏，药用。
原产地　产西南、华南地区。热带亚洲各地及澳洲都有分布。
碞石分布　塔山。

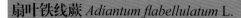

铁线蕨 *Adiantum capillus-veneris* L.

凤尾蕨科 Pteridaceae　铁线蕨属

别名　银杏蕨、条裂铁线蕨

特征简介　多年生蕨类。常为散生或成片生长，较低矮，高 10~30cm。根状茎横走。叶薄草质，叶柄栗黑色，仅基部有鳞片；叶片卵状三角形，中部以下二回羽状，小羽片斜扇形或斜方形。叶脉扇状分叉。孢子囊群生于由变质裂片顶部反折的囊群盖下面，长条形；囊群盖圆肾形至矩圆形，全缘。

用途　钙质土指示植物，药用。

原产地　华南、西南等地区。

礐石分布　野猪林、寻梦台、防火景观台。

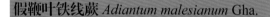

扇叶铁线蕨 *Adiantum flabellulatum* L.

凤尾蕨科 Pteridaceae　铁线蕨属

特征简介　根茎短而直立，密被棕色披针形鳞片。叶簇生；叶柄紫黑色；叶片扇形，二至三回不对称二叉分枝；叶干后近革质，栗色或褐色，两面无毛；各回羽轴及小羽柄均紫黑色，上面均密被红棕色短刚毛，下面光滑。孢子囊群每羽片 2~5 枚；囊群盖半圆形或圆形，革质，黑褐色，全缘，宿存；孢子具不明显颗粒状纹饰。

用途　酸性土指示植物，药用。

原产地　华南、西南地区及台湾。日本、越南、缅甸、印度、斯里兰卡及马来群岛。

礐石分布　塔山、梦之谷、龙泉洞、衔远亭、文苑。

假鞭叶铁线蕨 *Adiantum malesianum* Gha.

凤尾蕨科 Pteridaceae　铁线蕨属

特征简介　根状茎短而直立，密被披针形、棕色、边缘具锯齿的鳞片。叶簇生，叶柄幼时棕色，老时栗黑色，略有光泽。叶片线状披针形，向顶端渐变小，基部不变狭，一回羽状约 25 对，互生或近对生。孢子囊群盖圆肾形，棕色，纸质。

用途　盆栽观赏，垂直绿化。

原产地　华南、西南地区。缅甸、越南、泰国、印度、马来西亚、斯里兰卡、印度尼西亚、菲律宾等南太平洋岛屿。

礐石分布　风景区管理局、塔山、梦之谷、龙泉洞、财政培训中心。

剑叶凤尾蕨 *Pteris ensiformis* Burm.

凤尾蕨科 Pteridaceae 凤尾蕨属

别名 剑叶凤尾草
特征简介 根茎短,斜升或横卧,被黑褐色鳞片;
叶密生,二型;不育叶柄与叶轴均禾秆色;叶
片长圆状卵形,二回奇数羽状,羽片2~4对;
能育叶羽片及小羽片较窄;主脉禾秆色,下面
隆起,侧脉密接,通常2叉;叶干后草质,灰
绿色或暗褐色。
用途 盆栽,园林地被。
原产地 华南、西南地区。日本、东南亚及澳
大利亚。
磐石分布 梦之谷、龙泉洞。

白羽凤尾蕨 *Pteris ensiformis* var. *victoriae* Bak.

凤尾蕨科 Pteridaceae 凤尾蕨属

特征简介 羽片中央沿主脉两侧各有1条灰白色带。
用途 园林地被,盆栽。
原产地 产华东西南部、西南东部及广东、广西。
日本、印度也有分布。
磐石分布 第三人民医院、西湖。

傅氏凤尾蕨 *Pteris fauriei* Hieron.

凤尾蕨科 Pteridaceae 凤尾蕨属

别名 金钗凤尾蕨、贵州凤尾蕨
特征简介 根状茎短,斜升,粗约1cm,先端
密被鳞片;鳞片线状披针形,深褐色,边缘棕色。
叶簇生,卵形至卵状三角形,二回深羽裂(或
基部三回深羽裂);叶干后纸质,浅绿色至暗
绿色。孢子囊群线形,沿裂片边缘延伸,仅裂
片先端不育;囊群盖线形,灰棕色,膜质,全缘,
宿存。
用途 室内装饰,园林地被,药用。
原产地 产台湾、福建、广东、海南、广西、
贵州南部。
磐石分布 金山中学、塔山、梦之谷、龙泉洞。

井栏边草 *Pteris multifida* Poir.

凤尾蕨科 Pteridaceae　凤尾蕨属

特征简介　根茎短而直立，被黑褐色鳞片。叶密而簇生，二型，不育叶柄较短，禾秆色或暗褐色，具禾秆色窄边；叶片卵状长圆形，尾状头，基部圆楔形，奇数一回羽状；能育叶柄较长，羽片4~6(10)对，线形，不育部分具锯齿；叶干后草质，暗绿色，无毛。

用途　盆栽，园林地被，药用。

原产地　长江流域南北各地区。越南、菲律宾、日本。

礐石分布　金山中学。

半边旗 *Pteris semipinnata* L.
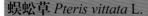

凤尾蕨科 Pteridaceae　凤尾蕨属

特征简介　根茎长而横走，被黑褐色鳞片；叶簇生，近一型；叶柄连同叶轴均栗红色；叶片长圆状披针形，二回奇数半边深羽裂，不育裂片有尖锯齿，能育裂片顶端有尖刺或具2~3尖齿；叶干后草质，灰绿色。

用途　盆栽，园林地被。

原产地　华东南部、西南东部及广东、广西、湖南。琉球群岛、东南亚及南亚有分布。

礐石分布　塔山、梦之谷、龙泉洞。

蜈蚣草 *Pteris vittata* L.

凤尾蕨科 Pteridaceae　凤尾蕨属

别名　蜈蚣凤尾蕨、鸡冠凤尾蕨、蜈蚣蕨

特征简介　根茎短而直立，密被疏散黄褐色鳞片。叶簇生，一型；叶柄深禾秆色或浅褐色，幼时密被鳞片；叶片倒披针状长圆形，长尾头，基部渐窄，奇数一回羽状；不育的叶缘有细锯齿；叶干后纸质或薄革质，绿色；孢子囊群线形，着生于羽片边缘的边脉；囊群盖同形，全缘，膜质，灰白色。

用途　钙质土及石灰岩的指示植物，墙体绿化。

原产地　秦岭等地。印度、缅甸及中南半岛。

礐石分布　风景区管理局、塔山、桃花涧路、焰峰车道。

华南毛蕨 *Cyclosorus parasiticus* (L.) Farw.

金星蕨科 Thelypteridaceae　毛蕨属

别名　东方毛蕨、石生毛蕨、高大毛蕨、海南
毛蕨

特征简介　根状茎横走，连同叶柄基部有深棕
色披针形鳞片。叶近生；叶柄深禾秆色，基部
以上偶有一二柔毛；叶片长圆披针形，先端羽
裂，尾状渐尖头，基部不变狭，二回羽裂；羽
片 12~16 对，无柄。孢子囊群圆形，生于侧脉
中部以上，每裂片 (1~2) 4~6 对；囊群盖小，膜质，
棕色，上面密生柔毛，宿存。

用途　药用。

原产地　浙江南部及东南部、福建、台湾、广东、
海南、湖南、江西、重庆、广西。日本、韩国、
尼泊尔、缅甸、印度、斯里兰卡、越南、泰国、
印度尼西亚、菲律宾。

礐石分布　梦之谷、龙泉洞。

普通针毛蕨 *Macrothelypteris torresiana* (Gaud.) Ching

金星蕨科 Thelypteridaceae　针毛蕨属

特征简介　根茎短，直立或斜生，顶端密被红棕色
有毛鳞片；叶簇生；叶柄灰绿色，干后禾秆色，
基部被短毛，向上光滑；叶片三角状卵形，三回
羽状；孢子囊群圆形，每裂片 2~6 对，生于侧脉
近顶部。

用途　药用。

原产地　长江以南各地。缅甸、尼泊尔、不丹、印
度、越南、日本、菲律宾、印度尼西亚、澳大利
亚及美洲热带和亚热带地区。

礐石分布　风景区管理局。

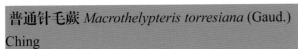

乌毛蕨 *Blechnum orientale* L.

乌毛蕨科 Blechnaceae　　乌毛蕨属

别名　龙船蕨、冠羽乌毛蕨

特征简介　根状茎直立，粗短，木质，黑褐色，先端及叶柄下部密被鳞片；叶簇生于根状茎顶端，叶片卵状披针形，一回羽状；羽片多数，二型，互生，无柄，叶近革质，无毛；叶轴粗壮，棕禾秆色，无毛。孢子囊群线形，连续，紧靠主脉两侧，与主脉平行；囊群盖线形，开向主脉，宿存。

用途　食用，药用，盆栽，园林地被。

原产地　长江流域、华南和西南地区。印度、斯里兰卡、东南亚、日本等。

礐石分布　塔山、梦之谷、龙泉洞、衔远亭、文苑、寻梦台、防火景观台、西入口。

华南鳞毛蕨 *Dryopteris tenuicula* Matth. et Christ.

鳞毛蕨科 Thelypteridaceae　　鳞毛蕨属

特征简介　根茎直立或斜升；叶簇生，叶片卵状披针形，二回羽状，羽片10~15对，卵状披针形；小羽片8~10对，长圆状披针形，羽状浅裂；叶纸质，干后褐绿色；孢子囊群着生于小羽片主脉两侧及裂片边缘；囊群盖圆肾形，棕色，全缘。

用途　切花，药用。

原产地　产浙江、湖南、广东、广西、四川、贵州。日本、朝鲜。

礐石分布　梦之谷、龙泉洞。

肾蕨 *Nephrolepis cordifolia* (L.) C. Presl

肾蕨科 Nephrolepidaceae 肾蕨属

别名 波斯顿蕨、石黄皮

特征简介 附生或土生。叶簇生，直立，一回羽状，羽叶 45~120 对，披针形，先端钝圆或有时为急尖头，基部心形，通常不对称。孢子囊群成 1 行位于主脉两侧，肾形，囊群盖肾形，褐棕色。

用途 世界各地普遍栽培的观赏蕨类，块茎可食用，亦可供药用。

原产地 浙江、福建、台湾、湖南南部、广东、海南、广西、贵州、云南和西藏。全世界热带及亚热带地区。

礐石分布 梦之谷、龙泉洞。

抱石莲 *Lemmaphyllum drymoglossoides* (Bak.) Ching

水龙骨科 Polypodiaceae 伏石蕨属

特征简介 根茎细长，横走，边缘具锯齿棕色披针形鳞片。叶疏生，二型；不育叶长圆形或卵形，圆头或钝圆头，基部楔形，全缘；能育叶舌状或倒披针形，基部窄缩，有时与不育叶同形，肉质，叶干后革质；孢子囊群圆形，沿主脉两侧各成一行，着生于主脉与叶缘间。

用途 药用。

原产地 长江流域各地及福建、广东、广西、贵州及陕西、甘肃。

礐石分布 梦之谷、龙泉洞。

攀缘星蕨 *Lepidomicrosorium buergerianum* (Miq.) Ching et K.H.Sh ex S.X.Xu

水龙骨科 Polypodiaceae 鳞果星蕨属

特征简介 叶纸质，略皱缩。完整叶片呈条状披针形，顶端渐尖，基部渐狭而下延成狭翅，边呈波状，浅棕色；两面均无毛，中脉在两面均凸起，侧脉细而曲折，明显，小脉分叉。孢子囊群圆形而小，无盖，棕色，散生在叶片下面，在中脉和叶缘之间有不整齐的 2~3 行。

用途 药用。

原产地 华南、西南地区。

礐石分布 梦之谷、龙泉洞。

瓦韦 *Lepisorus thunbergianus* (Kaulf.) Ching

水龙骨科 Polypodiaceae 瓦韦属

特征简介 根状茎横走，密被披针形褐棕色鳞片。叶柄禾秆色；叶片线状披针形或狭披针形，渐尖头，基部渐变狭并下延，干后黄绿色至淡黄绿色，或淡绿色至褐色，纸质。主脉上下均隆起，小脉不见。孢子囊群圆形或椭圆形，彼此相距较近。

用途 点缀山石盆景，药用。

原产地 华东、华中、西南各地以及北京、山西、甘肃。朝鲜、日本和菲律宾。

礐石分布 梦之谷、龙泉洞。

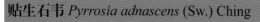

贴生石韦 *Pyrrosia adnascens* (Sw.) Ching

水龙骨科 Polypodiaceae 石韦属

别名 钙生石韦

特征简介 根茎细长，攀缘树干或岩石上，密被鳞片，鳞片淡棕色，着生处深棕色；叶疏生，二型，肉质，具关节与根茎相连；孢子囊群着生内藏小脉顶端，聚生于能育叶中部以上，无囊群盖，幼时被星状毛，淡棕色，成熟时汇合，砖红色。

用途 盆栽，岩石园植物，药用。

原产地 广西、广东。

礐石分布 塔山、梦之谷、龙泉洞。

苏铁 *Cycas revoluta* Thunb.

苏铁科 Cycadaceae 苏铁属

别名 避火蕉、凤尾草、凤尾松、凤尾蕉、铁树

特征简介 树干圆柱形，有明显螺旋状排列的菱形叶柄残痕。羽状叶从茎的顶部生出，下层的向下弯，上层的斜上伸展，羽状裂片，条形，厚革质；种子红褐色或橘红色，倒卵圆形或卵圆形，密生灰黄色短茸毛，后渐脱落。花期6~7月，种子10月成熟。

用途 观赏，食用，药用。

原产地 华南、西南地区，北方也有种植。日本南部、菲律宾和印度尼西亚。

礐石分布 风景区管理局、东湖、梦之谷、龙泉洞、财政培训中心。

银杏 *Ginkgo biloba* L.

银杏科 Ginkgoaceae　银杏属

别名　鸭掌树、鸭脚子、公孙树、白果
特征简介　乔木，高达40m，胸径可达4m；幼树树皮浅纵裂，大树之皮呈灰褐色，深纵裂，粗糙；枝近轮生，斜上伸展；叶扇形，秋季落叶前变为黄色。雌雄异株，单性。种子具长梗，下垂，外种皮肉质，熟时黄色或橙黄色，外被白粉，有臭味；中种皮白色，内种皮膜质，淡红褐色；花期3~4月，种子9~10月成熟。
用途　用材，药用，园林观赏，行道树。
原产地　我国特产，浙江等地有野生古树；全国各地栽培。
礐石分布　梦之谷、龙泉洞。

马尾松 *Pinus massoniana* Lamb.

松科 Pinaceae　　松属

别名　枞松、山松、青松
特征简介　乔木，达40m，胸径1m；树皮红褐色，下部灰褐色，裂成不规则的鳞状块片；针叶2针一束，极稀3针一束，细柔，下垂或微下垂。球果卵圆形或圆锥状卵圆形，有短柄，熟时栗褐色，种鳞张开。花期4~5月，球果翌年10~12月成熟。
用途　用材，培育药材，造林。
原产地　华南、西南、长江流域及黄河流域部分区域。
礐石分布　金山中学、塔山、梦之谷、龙泉洞、衔远亭、文苑、野猪林、寻梦台、防火景观台、西入口。

异叶南洋杉 *Araucaria heterophylla* (Salisb.) Franco.

南洋杉科 Araucariaceae　　南洋杉属

别名　南洋杉
特征简介　乔木。幼树树冠尖塔形。侧生小枝平层或下垂。幼树及侧枝之叶排列疏松，大树及花枝之叶排列紧密。球果卵圆形或椭圆形，种子椭圆形，两侧具宽翅。
用途　园林地被。
原产地　大洋洲东南沿海地区。
礐石分布　风景区管理局、东湖、西湖、衔远亭、文苑。

竹柏 *Nageia nagi* (Thunb.) Kuntze

罗汉松科 Podocarpaceae   竹柏属

别名 大果竹柏、铁甲树、罗汉柴、窄叶竹柏

特征简介 乔木，高达 20m。树皮近平滑，红褐色或暗紫红色，成小块薄片脱落；枝条开展或伸展。叶革质，长卵形、卵披针形或披针状椭圆形，有多数并列的细脉，无中脉。雄球花穗状圆柱形，雌球基部有数枚苞片，花后苞片不肥大成肉质种托；种子圆球形，成熟时假种皮暗紫色。花期 3~4 月，种子 10 月成熟。

用途 药用，庭园树。

原产地 台湾。

礐石分布 风景区管理局、塔山、财政培训中心。

罗汉松 *Podocarpus macrophyllus* (Thunb.) Sweet.

罗汉松科 Podocarpaceae   罗汉松属

别名 土杉、罗汉杉

特征简介 乔木，高达 20m，树皮浅裂，成薄片状脱落；枝条开展或斜展；叶螺旋状着生，革质，线状披针形，微弯，先端尖，基部楔形，上面深绿色，中脉显著隆起，下面灰绿色，被白粉；雄球花穗状，常 2~5 簇生；雌球花单生稀成对，有梗；种子卵圆形或近球形，成熟时假种皮紫黑色，被白粉，肉质种托柱状椭圆形，红色或紫红色，长于种子，种柄长于种托；花期 4~5 月，种子 8~9 月成熟。

用途 用材，庭园树。

原产地 长江流域及华南地区。日本。

礐石分布 风景区管理局、塔山、梦之谷、龙泉洞、寻梦台。

杉木 *Cunninghamia lanceolata* (Lamb.) Hook.

柏科 Cupressaceae   杉木属

别名 杉、刺杉、木头树、杉树

特征简介 乔木，高达 30m。幼树尖塔形，大树圆锥形。树皮裂成长条片，内皮淡红色。大枝平展，小枝对生或轮生，常成 2 列状，幼枝绿色，光滑无毛。叶披针形或窄，常呈镰状，革质、坚硬。雄球花圆锥状，通常多个簇生枝顶，雌球花单生或数个集生，绿色。球果卵圆形，棕黄色，种子扁平；花期 4 月，球果 10 月下旬成熟。

用途 用材。

原产地 我国长江流域、秦岭以南地区。越南。

礐石分布 塔山、梦之谷、龙泉洞、衔远亭、文苑、寻梦台、防火景观台。

圆柏 *Juniperus chinensis* L.

柏科 Cupressaceae　　　刺柏属

别名　珍珠柏、红心柏、刺柏、桧、桧柏
特征简介　乔木，常雌雄异株。树皮灰褐色，纵裂。幼树树冠尖塔形，老则广圆形。叶二型，刺叶生于幼树之上，老龄树则全为鳞叶，壮龄树兼有刺叶与鳞叶。花雌雄异株，稀同株，雄球花黄色，椭圆形。球果近圆球形，两年成熟，熟时暗褐色，被白粉。花期4月，翌年11月果熟。
用途　用材，药用，庭园树。
原产地　内蒙古，黄河流域和长江流域、华北、西南地区。朝鲜、日本。
磐石分布　财政培训中心。

侧柏 *Platycladus orientalis* (L.) Franco.

柏科 Cupressaceae　　　侧柏属

别名　香柯树、香树、扁桧、香柏、黄柏
特征简介　乔木，高达20m。幼树树冠尖塔形，老则广圆形。小枝直展，扁平，排成一平面。鳞叶二型，交互对生，背面有腺点。雌雄同株，球果卵状椭圆形，成熟时褐色；种子椭圆形，灰褐色。花期3~4月，球果10月成熟。
用途　用材，药用，庭园树。
原产地　黄河流域和长江流域、华北、华南和西南地区。朝鲜、日本等地。
磐石分布　财政培训中心。

落羽杉 *Taxodium distichum* (L.) Rich.

柏科 Cupressaceae　　　落羽杉属

别名　落羽松
特征简介　落叶乔木，在原产地高达50m，胸径2m。树干基部通常膨大，具膝状呼吸根；树皮棕色，裂成长条片；1年生小枝褐色，侧生短枝2列。叶线形，排成羽状2列。球果具短柄，熟时淡褐黄色，被白粉；种子褐色。花期3月，球果10月成熟。
用途　用材，造林，园景树。
原产地　北美东南部。
磐石分布　东湖。

南方红豆杉 *Taxus wallichiana* var. *mairei* (Lem. et H. Lév.) L. K. Fu et Nan Li

红豆杉科 Taxaceae　　红豆杉属

别名　观音杉、红豆树、扁柏、卷柏
特征简介　常绿乔木，高达30m，胸径达0.6m。
树皮灰褐色、红褐色或暗褐色，裂成条片脱落；
小枝互生。叶条形，螺旋状着生，基部扭转
排成二列。雌雄异株，球花单生叶腋；种子
扁卵圆形，生于红色肉质的杯状假种皮中。
花期2~3月，果期10~11月。
用途　用材，药用。
原产地　安徽、浙江、台湾、福建、江西、广
东北部、广西、湖南、湖北、河南、陕西、甘肃、
四川、贵州及云南。
礐石分布　金山中学。

睡莲 *Nymphaea tetragona* Georg.

睡莲科 Nymphaeaceae　　睡莲属

别名　子午莲、粉色睡莲、野生睡莲、矮睡莲
特征简介　多年水生草本；根状茎短粗。叶纸质，
心状卵形或卵状椭圆形，上面光亮，下面带红色
或紫色，两面皆无毛，具小点；叶柄长达60cm。
花梗细长；花萼基部四棱形，萼片革质，宿存；
浆果球形，为宿存萼片包裹；种子椭圆形，黑色。
花期6~8月，果期8~10月。
用途　根状茎含淀粉，供食用或酿酒。全草可作绿
肥。
原产地　在我国广泛分布。俄罗斯、朝鲜、日本、
印度、越南、美国。
礐石分布　金山中学、财政培训中心。

草胡椒 *Peperomia pellucida* (L.) Kunth.

胡椒科 Piperaceae　　草胡椒属

特征简介　一年生肉质草本，高20~40cm；茎直立
或基部有时平卧，分枝，无毛，下部节上常生不
定根。叶互生，膜质，半透明，阔卵形或卵状三
角形，基部心形；叶脉5~7条，基出，网状脉不
明显；穗状花序顶生和与叶对生，花疏生；浆果
球形。花期4~7月。
用途　食用，药用。
原产地　广东、广西、云南、福建。原产热带美洲，
现广布于各热带地区。
礐石分布　风景园林管理局、梦之谷、龙泉洞。

豆瓣绿 *Peperomia tetraphylla* (Forst. F.) Hook. et Arn.

胡椒科 Piperaceae   草胡椒属

别名　碧玉、豆瓣绿椒草、碧玉椒草、碧玉花
特征简介　肉质、丛生草本；茎匍匐，多分枝，下部节上生根，节间有粗纵棱。叶密集，肉质，有透明腺点，略背卷，阔椭圆形或近圆形，两端钝或圆，无毛或稀被疏毛；叶脉3条，通常不明显；叶柄短，无毛或被短柔毛。
用途　全草药用。内服治风湿性关节炎、支气管炎；外敷治扭伤、骨折、痈疮疔肿等。
原产地　华南地区栽培。美洲、大洋洲、非洲及亚洲热带和亚热带地区。
碞石分布　财政培训中心。

荷花玉兰 *Magnolia grandilfora* L.

木兰科 Magnoliaceae   木兰属

别名　广玉兰、洋玉兰、白玉兰
特征简介　常绿乔木，树皮淡褐色或灰色，薄鳞片状开裂；小枝、芽、叶背、叶柄、均密被褐色或灰褐色短茸毛。叶厚革质，椭圆形，基部楔形，叶面深绿色，有光泽；花白色，有芳香，花被片9~12，厚肉质，倒卵形；聚合果圆柱状长圆形，种子近卵圆形或卵形，外种皮红色。花期5~6月，果期9~10月。
用途　庭园绿化，用材，药用，提取芳香油，花制浸膏用。
原产地　原产北美洲东南部。我国长江流域以南各城市有栽培。
碞石分布　风景园林管理局、塔山。

白兰 *Michelia × alba* DC.

木兰科 Magnoliaceae　含笑属

别名　白玉兰、白兰花、缅栀、缅桂
特征简介　常绿乔木，高达 17m。树皮灰色，嫩枝及芽密被淡黄白色微毛，老时毛渐脱落；叶薄革质，长椭圆形或披针状椭圆形，基部楔形，上面无毛，下面疏生微柔毛，干时两面网脉均很明显；花白色，极香；花被片 10 片，菁葵疏生聚合果，熟时鲜红色。花期 4~9 月。
用途　庭园观赏，行道树；可提取香精或熏茶，也可提制浸膏供药用；根皮入药。
原产地　我国福建、广东、广西、云南等地广泛栽培。印度尼西亚。
礐石分布　风景区管理局、塔山、财政培训中心、桃花涧路、焰峰车道、梦之谷、龙泉洞。

含笑 *Michelia figo* (Lour.) Spreng.

木兰科 Magnoliaceae　含笑属

别名　香蕉花、含笑花
特征简介　常绿灌木，树皮灰褐色，分枝繁密。芽、嫩枝、叶柄、花梗均密被黄褐色茸毛。叶革质，狭椭圆形或倒卵状椭圆形，上面有光泽，无毛。花直立，淡黄色而边缘有时红色或紫色，具甜浓的芳香，花被片 6，肉质，较肥厚，菁葵聚合果。花期 3~5 月，果期 7~8 月。
用途　灌木球，园景树。
原产地　华南南部地区。
礐石分布　风景区管理局。

醉香含笑 *Michelia macclurei* Dandy

木兰科 Magnoliaceae　含笑属

别名　火力楠、展毛含笑
特征简介　乔木，高达 30m。树皮灰白色，光滑不开裂。芽、嫩枝、叶柄、托叶及花梗均被紧贴而有光泽的红褐色短茸毛。叶革质、倒卵形、椭圆状倒卵形，上面初被短柔毛，后脱落无毛，下面被灰色毛。聚伞花序，花梗具 2~3 苞片脱落痕，花被片白色，通常 9 片，匙状倒卵形或倒披针形，聚合菁葵果，种子 1~3 枚，扁卵圆形。花期 3~4 月，果期 9~11 月。
用途　庭院观赏，芳香精油，用材。
原产地　广东、广西。
礐石分布　风景区管理局。

二乔玉兰 *Yulania* × *soulangeana* (Soul.-Bod.) D. L. Fu

木兰科 Magnoliaceae 玉兰属

别名 二乔木兰

特征简介 本种是玉兰与辛夷的杂交种，落叶小乔木，小枝无毛，叶倒卵形，先端宽圆，下面具柔毛；花浅红色至深红色，花被片 6~9，聚合果、蓇葖卵圆形。花期 2~3 月，果期 9~10 月。

用途 著名观赏树木，国内外庭院中栽培。

原产地 华南和西南地区常见栽培。

碧石分布 梦之谷、龙泉洞。

牛心番荔枝 *Annona reticulata* L.

番荔枝科 Annonaceae 番荔枝属

别名 牛心果

特征简介 乔木，高约 6m。枝条有瘤状凸起。叶纸质，长圆状披针形，下面绿色。总花梗与叶对生或互生，有花 2~10 朵；花蕾钝头。萼片外面被短柔毛，内面无毛。外轮花瓣肉质，黄色，基部紫色。肉质聚合浆果，有网状纹，成熟时暗黄色。果肉牛油状，附着于种子上。种子长卵圆形。花期冬末至早春，果期翌年 3~6 月。

用途 果可食用，为热带地区著名水果。

原产地 台湾、福建、广东、广西和云南等地有栽培。原产热带美洲。

碧石分布 梦之谷。

无根藤 *Cassytha filiformis* L.

樟科 Lauraceae 无根藤属

别名 罗网藤、无爷藤、无头草

特征简介 寄生、缠绕藤本，靠盘状吸根附在寄主植物上攀缘生长。茎绿色，幼时被锈色短柔毛，老时无毛。叶鳞片状。穗状花序密被锈色短柔毛，花小，花被管白色。花果期 5~12 月。

用途 有害的寄生植物。全草可入药，有利尿通淋、化湿消肿等功效。

原产地 广布于热带。广东、海南、湖南、广西等地有分布。

碧石分布 塔山、梦之谷、龙泉洞、衔远亭、文苑、野猪林。

阴香 *Cinnamomum burmannii* (Nees et T. Nees) Blume

樟科 Lauraceae　　樟属

别名　小桂皮、大叶樟、香柴、香桂、野樟树、假桂树、山玉桂、山肉桂

特征简介　乔木。树皮光滑、灰褐色，内皮红色。枝纤细，具纵向细条纹，无毛。叶革质，互生或近对生，卵圆形，叶上面绿色，光滑，下面粉绿色，两面无毛，离基三出脉。聚伞花序，有花少数，密被白色微柔毛，花绿白色。花期8~11月，果期11月至翌年2月。

用途　行道树，树皮作肉桂皮代用品，外用治痔疮。全株可提取芳香精油，可用于食品及化妆品香精等。

原产地　华南、西南及长江流域各地；印度、泰国、印度尼西亚、菲律宾及中南半岛各国。

礐石分布　金山中学、第三人民医院。

樟 *Cinnamomum camphora* (L.) Presl

樟科 Lauraceae　　樟属

别名　番樟、木樟、臭樟、油樟、芳樟、香樟、樟树

特征简介　常绿大乔木，高达30m。具有樟脑香气，树皮黄褐色，不规则纵裂。叶薄革质，互生，卵状椭圆形，离基三出脉，背面脉腋具明显腺窝，边缘有波纹；圆锥花序腋生，花绿白色或黄绿色，果近球形或卵球形。

用途　名贵木材，可提取樟油，药用，庭院绿化。

原产地　华南、华中、华东及西南地区。越南、朝鲜和日本。

礐石分布　风景园林管理局、东湖、塔山、梦之谷、龙泉洞、财政局。

潺槁木姜子 *Litsea glutinosa* (Lour.) C.B.Rob.

樟科 Lauraceae　　木姜子属

别名　青野槁、胶樟、油槁树、潺槁树、潺槁

特征简介　常绿乔木，高 3~15m。树皮灰色，小枝灰褐色。叶革质，互生，倒卵形，羽状脉。聚伞花序有花数朵，于小枝上部腋生，单生或几个聚生于短枝上，总花梗及花梗被黄色茸毛。花期 5~6 月，果期 9~10 月。

用途　木材稍坚硬、耐腐，作家具用材；叶和根皮可入药，有清湿热、消肿等功效。

原产地　广东、海南、香港、广西、福建及云南。

礐石分布　东湖、塔山、三院、西湖、衔远亭、文苑、寻梦台。

豹皮樟 *Litsea rotundifolia* Hemsl. var. *oblongifolia* (Nees) Allen

樟科 Lauraceae　　木姜子属

别名　圆叶木姜子、嗜喳木、假面果、硬钉树、白叶仔

特征简介　常绿灌木，高可达 3m。树皮灰褐色或黑褐色。小枝圆柱形，叶散生，叶片卵状长圆形，上面绿色，光亮，无毛，下面粉绿色，叶柄粗短。伞形花序簇生叶腋，花序有花，花小，花被筒杯状，花被裂片倒卵状圆形，果球形，花期 8~9 月，果期 9~11 月。

用途　种子富含脂肪，叶、果能提取芳香油，叶可入药。

原产地　广东、海南、湖南、广西、浙江、江西、福建、台湾。越南。

礐石分布　塔山、梦之谷、龙泉洞、衔远亭、文苑、野猪林、防火景观台、西入口、桃花涧路、焰峰车道。

海芋 *Alocasia macrorhiza* (Roxb.) K.Koch

天南星科 Araceae　海芋属

别名　狼毒、尖尾野芋头、野山芋、广东狼毒、野芋头、老虎芋、大虫芋、天合芋、滴水芋、滴水观音

特征简介　大型常绿草本。叶薄革质，草绿色，箭状卵形，边缘波状，侧脉斜升。叶柄绿色或污紫色，螺旋状排列。佛焰苞管部绿色，檐部黄绿色舟状，先端喙状。肉穗花序芳香；浆果红色，卵状。

用途　室内观赏植物，室外绿化观赏植物。

原产地　华南、西南地区。孟加拉国、印度东北部至马来半岛、中南半岛。

礐石分布　风景区管理局、东湖、塔山、梦之谷、龙泉洞、财政培训中心、第三人民医院、西湖、寻梦台、桃花涧路、焰峰车道。

红掌 *Anthurium andraeanum* Linden

天南星科 Araceae　花烛属

别名　红鹅掌、火鹤花、花烛、红苞花烛、蜡烛花

特征简介　多年生草本；茎矮；叶互生，叶片革质，有光泽，阔心形、圆心形，先端钝或渐尖，基部深心形；肉穗花序有细长花序梗，佛焰苞深红色或橘红色，心形，先端有细长尖尾，基部心形，肉穗花序淡黄色，直立，圆柱形，花多数，密生轴上。

用途　室内盆栽观赏植物，庭院观赏植物，插花花材。

原产地　墨西哥、哥斯达黎加、哥伦比亚等地区；热带亚热带地区广泛栽培。

礐石分布　风景区管理局。

五彩芋 *Caladium bicolor* (Ait.) Vent.

天南星科 Araceae　五彩芋属

别名　花叶芋、彩叶芋、七彩莲

特征简介　块茎扁球形。叶柄光滑，上部被白粉；叶片上面满布各色透明或不透明斑点，下面粉绿色，戟状卵形至卵状三角形，先端骤狭具凸尖。花序柄短于叶柄，长 10~13cm。佛焰苞管部卵圆形外面绿色，内面绿白色、基部常青紫色。花期 4 月。

用途　室内观赏植物，庭院观赏植物，药用。

原产地　南美亚马孙河流域。

礐石分布　风景区管理局。

26

花叶万年青 *Dieffenbachia seguine* (Jacq.) Schott

天南星科 Araceae 花叶万年青属

别名 黛粉芋、翠玉万年青、彩叶万年青
特征简介 茎上升，上部直立。叶柄具鞘，绿色，具白色条状斑纹。叶片长圆形至卵状长圆形，基部圆形或微心形、或稍锐尖，向先端渐狭、具短尖头，绿色或具各种颜色的斑块。花序柄短；佛焰苞骤尖，绿色或白绿色。浆果橙黄绿色。
用途 室内观赏植物，药用。
原产地 热带美洲。
砼石分布 风景区管理局、财政培训中心。

绿萝 *Epipremnum aureum* (Linden et André) Bunt.

天南星科 Araceae 麒麟叶属

别名 小绿
特征简介 高大藤本，茎攀缘，节间具纵槽。多分枝，枝悬垂；茎攀缘，节间具纵槽。多分枝，枝悬垂。叶鞘长，叶片薄革质，翠绿色，通常（特别是叶面）有多数不规则的纯黄色斑块，全缘，不等侧的卵形或卵状长圆形，先端短渐尖，基部深心形。
用途 室内观赏植物，室外绿化观赏植物。
原产地 所罗门群岛；热带亚热带地区。
砼石分布 风景区管理局、塔山、梦之谷、龙泉洞、财政培训中心。

龟背竹 *Monstera deliciosa* Lieb.

天南星科 Araceae 龟背竹属

别名 蓬莱蕉、龟背蕉、龟背、电线草
特征简介 攀缘灌木。茎粗壮，绿色，具气生根。叶片心状卵形，厚革质，下面绿白色，边缘羽状分裂，侧脉间有 1~2 空洞。佛焰苞厚革质，宽卵形，舟状，苍白带黄色；肉穗花序近圆柱形，淡黄色。浆果淡黄色，柱头有黄紫色斑点。
用途 室内观赏植物，室外绿化观赏植物。
原产地 墨西哥；热带亚热带地区。
砼石分布 财政培训中心。

春羽 *Philodendron selloum* Koch.

天南星科 Araceae　　喜林芋属

特征简介　多年生常绿草本。具短茎，成年株茎常匍匐生长，老叶不断脱落，新叶主要生于茎的顶端，轮廓为宽心脏形，羽状深裂，裂片宽披针形，边缘浅波状，有时皱卷，叶柄粗壮，较长。佛焰苞外面绿色，内面黄白色，肉穗花序总梗甚短，白色，花单性，无花被；浆果。
用途　室内观赏植物，室外绿化观赏植物。
原产地　巴西。
礐石分布　风景区管理局、塔山、财政培训中心、防火景观台。

仙羽蔓绿绒 *Philodendron xanadu* Croat, Mayo et Boos

天南星科 Araceae　　喜林芋属

别名　仙羽、春羽、小天使喜林芋
特征简介　多年生常绿草本，株高50~90cm。叶片轮廓呈长椭圆形，羽状深裂，裂片披针形，全缘，革质，浓绿色。佛焰包下部红色，上部黄绿色，肉穗花序白色，浆果。
用途　室内观赏植物，室外隐蔽处绿化观赏植物。
原产地　巴西南部。
礐石分布　财政培训中心。

白鹤芋 *Spathiphyllum lanceifolium* (Jacq.) Schott

天南星科 Araceae　　白鹤芋属

别名　白掌
特征简介　多年生草本；叶基生，薄革质，长椭圆形或长圆状披针形；佛焰状花序生叶腋，具长梗；佛焰苞白色，卵状披针形；肉穗花序白色，后转绿色；花两性，单被花。
用途　室内盆栽观赏植物，林荫下地被观赏植物，插花花材。
原产地　哥伦比亚。
礐石分布　风景区管理局。

合果芋 *Syngonium podophyllum* Schott

天南星科 Araceae　　合果芋属

别名　白果芋

特征简介　多年藤本，蔓性强；茎绿色，具多数气生根。根肉质，肥厚；具乳汁，叶互生，掌状3裂或箭形，深绿色。叶片具长柄。佛焰苞花序，佛焰苞绿色。肉穗花序白色。

用途　室内观赏植物,城市园林绿地地被植物。

原产地　巴拿马至墨西哥。

磐石分布　寻梦台、桃花涧路、焰峰车道。

薯蓣 *Dioscorea polystachya* Turcz.

薯蓣科 Dioscoreaceae　　薯蓣属

别名　山药、淮山、面山药、野脚板薯、野山豆、野山药

特征简介　缠绕草质藤本，块茎长圆柱形。茎常带紫红色，右旋。叶片变异大，卵状三角形至宽卵形或戟形。叶腋内常有珠芽。雌雄异株，雌雄花序均为穗状花序。苞片和花被片有紫褐色斑点。蒴果三棱状扁圆形或三棱状圆形。花期6~9月，果期7~11月。

用途　食用，药用。

原产地　中国。

磐石分布　风景区管理局、财政培训中心。

黄独 *Dioscorea bulbifera* L.

薯蓣科 Dioscoreaceae　　薯蓣属

特征简介　缠绕草质藤本；块茎卵圆形或梨形；茎左旋，浅绿色稍带红紫色；叶腋内有紫棕色珠芽；单叶互生，叶片宽卵状心形或卵状心形；雌雄花序相似，穗状，下垂，生于叶腋；花被片新鲜时紫色。蒴果三棱状长圆形。花期7~10月，果期8~11月。

用途　药用。

原产地　河南、安徽、江苏南部、浙江、江西、福建、台湾、湖北、湖南、广东、广西、陕西南部、甘肃南部、四川、贵州、云南、西藏。

磐石分布　风景区管理局。

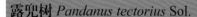

露兜草 *Pandanus austrosinensis* T. L. Wu

露兜树科 Pandanaceae　　露兜树属

别名　长叶露兜草
特征简介　多年生常绿草本；地下茎横卧，地上茎短不分枝；叶近革质，带状，边缘具向上的钩状锐刺，下面中脉隆起，疏生弯刺；花单性，雌雄异株；雄花序由若干穗状花序所组成；聚花果椭圆状圆柱形或近圆球形。花期4~5月。
用途　栽培供观赏。
原产地　广东、海南、广西。
礐石分布　梦之谷、龙泉洞。

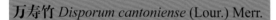

露兜树 *Pandanus tectorius* Sol.

露兜树科 Pandanaceae　　露兜树属

别名　簕芦、林投
特征简介　常绿分枝灌木或小乔木，常左右扭曲，具多分枝或不分枝的气根；叶簇生于枝顶，三行紧密螺旋状排列；雄花序由若干穗状花序组成；雄花芳香，呈总状排列；雌花序头状，单生于枝顶；聚花圆球形或长圆形。花期1~5月。
用途　工艺品，药用，食用。
原产地　福建、台湾、广东、海南、广西、贵州、云南。亚洲热带、澳大利亚南部。
礐石分布　桃花涧路、焰峰车道。

万寿竹 *Disporum cantoniense* (Lour.) Merr.

秋水仙科 Colchicaceae　　万寿竹属

别名　广东万寿竹、山竹花
特征简介　根粗长，肉质；根状茎粗，多少匍匐，无匍匐茎；叶纸质，披针形或窄椭圆状披针形，先端渐尖或长渐尖，基部近圆；花紫色；花被片斜出，倒披针形，边缘有乳头状突起；浆果，有2~5枚暗棕色种子。
用途　根状茎供药用。
原产地　台湾、福建、安徽、湖北、湖南、广东、广西、贵州、云南、四川、陕西和西藏。不丹、尼泊尔、印度和泰国。
礐石分布　风景区管理局。

菝葜 *Smilax china* L.

菝葜科 Smilacaceae　　菝葜属

别名　金刚兜、大菝葜、金刚刺、金刚藤

特征简介　攀缘灌木；根状茎粗厚，坚硬，为不规则的块状。茎疏生刺。叶薄革质或坚纸质，干后通常红褐色或近古铜色，圆形、卵形或其他形状，下面通常淡绿色，较少苍白色；叶柄几乎都有卷须。花绿黄色。浆果直径6~15mm。熟时红色，有粉霜。花期2~5月，果期9~11月。

用途　药用，酿酒。

原产地　长江流域、华南和西南地区常见。缅甸、越南、泰国、菲律宾。

磐石分布　衔远亭、文苑、野猪林、寻梦台、防火景观台。

粉背菝葜 *Smilax hypoglauca* Benth.

菝葜科 Smilacaceae　　菝葜属

特征简介　攀缘灌木；叶革质，卵状长圆形、卵形或窄椭圆形，先端短渐尖，基部宽楔形或近圆，下面粉白色；花黄绿色，花被片直立；浆果径0.8~1cm，成熟时暗红色。

用途　药用。

原产地　江西、福建、广东和贵州。

磐石分布　塔山、梦之谷、龙泉洞。

马甲菝葜 *Smilax lanceifolia* Roxb.

菝葜科 Smilacaceae　　菝葜属

特征简介　攀缘灌木。叶通常纸质，卵状矩圆形、狭椭圆形至披针形，上面无光泽或稍有光泽，干后暗绿色，有时稍变淡黑色，除中脉在上面稍凹陷外，其余主支脉浮凸；花黄绿色。花期10月至翌年3月。果期10月。

用途　药用。

原产地　广东、云南、贵州、四川、湖北和广西。不丹、印度、缅甸、老挝、越南和泰国。

磐石分布　塔山。

暗色菝葜 *Smilax lanceifolia* var. *opaca* A.DC.

菝葜科 Smilacaceae　　菝葜属

特征简介　叶通常革质，上面有光泽；总花梗一般长于叶柄，较少稍短于叶柄；花药近矩圆形；浆果熟时黑色。花期9~11月，果期翌年11月。
用途　药用。
原产地　湖南、江西、浙江、福建、台湾、广东、广西、贵州和云南。越南、老挝、柬埔寨至印度尼西亚的亚洲热带地区。
礐石分布　塔山、梦之谷、龙泉洞、桃花涧路、焰峰车道。

吉祥草 *Reineckea carnea* (Andr.) Kunth.

百合科 Liliaceae　　吉祥草属

特征简介　茎粗2~3mm，蔓延于地面，逐年向前延长或发出新枝，每节上有一残存的叶鞘，顶端的叶簇由于茎的连续生长。叶每簇有3~8枚，条形至披针形，先端渐尖，向下渐狭成柄，深绿色。穗状花序，花芳香，粉红色；浆果，熟时鲜红色。
用途　地被与室内观赏植物，药用。
原产地　西南、华中、华南地区。日本。
礐石分布　金山中学。

万年青 *Rohdea japonica* (Thunb.) Roth.

百合科　Liliaceae　　万年青属

特征简介　叶厚纸质，矩圆形、披针形或倒披针形，先端急尖，基部稍狭，绿色，纵脉明显浮凸；鞘叶披针形。花莛短于叶，穗状花序，具几十朵密集的花；苞片卵形，膜质，短于花；花淡黄色，裂片厚；浆果熟时红色。花期5~6月，果期9~11月。
用途　盆栽观赏植物，药用。
原产地　山东、江苏、浙江、江西、湖北、湖南、广西、贵州、四川。
礐石分布　财政培训中心。

墨兰 *Cymbidium sinense* (Jack. ex Andr.) Willd.

兰科 Orchidaceae   兰属

别名 报岁兰

特征简介 地生植物；假鳞茎卵球形，包藏于叶基之内。叶3~5枚，带形。花葶从假鳞茎基部发出。总状花序，花色常见为暗紫色或紫褐色而具浅色唇瓣，有较浓的香气。花瓣近狭卵形；唇瓣近卵状长圆形；蒴果狭椭圆形。花期10月至翌年3月。
用途 观赏花卉。
原产地 安徽、江西、福建、台湾、广东、海南、广西、四川、贵州和云南。印度、缅甸、越南、泰国、琉球群岛。
硿石分布 风景区管理局。

铁皮石斛 *Dendrobium officinale* Kim. et Migo.

兰科 Orchidaceae   石斛属

别名 云南铁皮、黑节草

特征简介 茎直立，圆柱形，不分枝，具多节，常在中部以上互生3~5枚叶；叶二列，纸质，长圆状披针形；叶鞘常具紫斑；总状花序常从落叶的老茎上部发出，具2~3朵花；花苞片干膜质，浅白色；萼片和花瓣黄绿色，近相似；唇瓣白色。花期3~6月。
用途 药用，食用，观赏。
原产地 安徽、浙江、福建、广西、四川、云南、广东。
硿石分布 风景区管理局。

蝴蝶石斛 *Dendrobium phalaenopsis* Fitzg.

兰科 Orchidaceae   石斛属

特征简介 假鳞茎呈棒状，长可达1m。叶较窄、互生，叶片扁平；花序顶生、直立或稍弯曲，通常开展；萼片近相似，离生；侧萼片基部着生在蕊柱足上，与唇瓣基部共同形成萼囊；唇瓣着生于蕊柱足末端，蕊柱粗短；花蜡质，有白色、玫瑰红色、粉红色、紫色等。
用途 栽培作观赏，鲜切花。
原产地 澳大利亚和新几内亚等热带地区；热带亚热带地区广泛栽培。
硿石分布 风景区管理局。

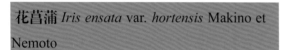

文心兰 *Oncidium flexuosum* Lodd.

兰科 Orchidaceae   文心兰属

特征简介 复茎性气生兰类,具有卵形、纺锤形、圆形或扁圆形假球茎;假鳞茎随营养生长而增大,随生殖发育而缩小;叶片 1~3 枚;其花萼萼片大小相等,花瓣与背萼也几乎相等或稍大;花的唇瓣通常 3 裂,呈提琴状。2 月新芽萌发,10 月中旬开花。

用途 栽培作观赏。

原产地 美洲热带地区;热带亚热带地区广泛栽培。

礐石分布 风景区管理局。

花菖蒲 *Iris ensata* var. *hortensis* Makino et Nemoto

鸢尾科 Iridaceae   鸢尾属

别名 紫色花菖蒲、粉色花菖蒲

特征简介 草本,为园艺变种;叶宽条形,中脉明显而突出;花茎高约 1m;苞片近革质,脉平行;花的颜色由白色至暗紫色,斑点及花纹变化大,单瓣以至重瓣。花期 6~7 月,果期 8~9 月。

用途 栽培供观赏。

原产地 黑龙江、吉林、辽宁、山东、浙江。朝鲜、日本及俄罗斯。

礐石分布 风景区管理局。

鸢尾 *Iris tectorum* Maxim

鸢尾科 Iridaceae   鸢尾属

别名 老鸹蒜、蛤蟆七、扁竹花、紫蝴蝶、蓝蝴蝶、屋顶鸢尾

特征简介 多年生草本,基部围有膜质叶鞘及纤维;根状茎二歧分枝;叶基生,黄绿色;花茎光滑,顶部常有 1~2 个短侧枝;绿色苞片 2~3 枚;花蓝紫色,花盛开时向外平展,花药鲜黄色。蒴果长椭圆形或倒卵形。花期 4~5 月,果期 6~8 月。

用途 栽培供观赏,药用。

原产地 中国中部。日本。

礐石分布 梦之谷、龙泉洞。

芦荟 *Aloe vera* L.var. *chinensis* (Haw.) Berg.

阿福花科 Asphodelaceae　芦荟属

别名　白夜城、中华芦荟、库拉索芦荟
特征简介　茎较短。叶近簇生或稍二列，肥厚多汁，条状披针形，粉绿色，顶端有几个小齿，边缘疏生刺状小齿。总状花序具几十朵花；花点垂，稀疏排列，淡黄色而有红斑；雄蕊与花被近等长或略长，花柱明显伸出花被外。
用途　盆栽观赏植物，药用。
原产地　地中海地区至印度。
磐石分布　风景区管理局、财政培训中心。

山菅兰 *Dianella ensifolia* (L.) Red.

阿福花科 Asphodelaceae　山菅兰属

别名　山菅、桔梗兰
特征简介　根状茎圆柱状。叶狭条状披针形，基部稍收狭成鞘状，套叠或抱茎，边缘和下面中脉具锯齿。圆锥花序，花常多朵生于侧枝上端；花被片条状披针形，绿白色、淡黄色至青紫色，5脉；浆果近球形，深蓝色。花果期3~8月。
用途　林带下地被，药用。
原产地　云南、四川、贵州东南部、广西、广东、海南、江西南部、浙江、福建和台湾。亚洲热带地区至非洲的马达加斯加岛。
磐石分布　塔山、梦之谷、龙泉洞、财政培训中心。

君子兰 *Clivia miniata* Regel Gart.

石蒜科 Amaryllidaceae　君子兰属

别名　大花君子兰、和尚君子兰
特征简介　多年生草本。茎基部宿存的叶基呈鳞茎状。基生叶质厚，深绿色，具光泽，带状，下部渐狭。花直立向上，花被宽漏斗形，鲜红色，内面略带黄色；浆果紫红色，宽卵形。花期为春夏季，有时冬季也可开花。
用途　温室盆栽观赏。
原产地　非洲南部。
磐石分布　风景区管理局。

文殊兰 *Crinum asiaticum var. sinicum* (Roxb. ex Herb.) Bak.

石蒜科 Amaryllidaceae　　文殊兰属

别名　文珠兰、罗裙带

特征简介　多年生草本，具长柱形鳞茎；叶20~30枚，多列，带状披针形，边缘波状，暗绿色。花茎直立，伞形花序，佛焰苞状总苞片披针形；花高脚碟状，芳香；蒴果近球形；通常种子1枚。花期夏季。

用途　栽培供观赏，药用。

原产地　亚洲热带地区。福建、台湾、广东、广西等地。

礐石分布　梦之谷、龙泉洞。

朱顶红 *Hippeastrum rutilum* (Ker-Gawl.) Herb.

石蒜科 Amaryllidaceae　　朱顶红属

别名　对红、华胄兰、红花莲、百枝莲

特征简介　多年生草本，鳞茎近球形有葡匐枝；叶6~8枚，花后抽出，鲜绿色。花茎中空，具有白粉。花2~4朵；佛焰苞状总苞片披针形。花被管绿色。花被裂片洋红色，长圆形。花期夏季。

用途　栽培供观赏。

原产地　产秘鲁、巴西一带。

礐石分布　教堂旁。

水鬼蕉 *Hymenocallis littoralis* (Jacq.) Salisb.

石蒜科 Amaryllidaceae　　水鬼蕉属

别名　蜘蛛兰

特征简介　多年生草本；叶10~12枚，剑形，深绿色，多脉，无柄。花茎扁平。佛焰苞状总苞片基部极阔。花茎顶生，白色。花被裂片线形。杯状体（雄蕊杯）钟形或阔漏斗形。花期夏末秋初。

用途　栽培供观赏。

原产地　美洲热带。

礐石分布　金山中学、广场、绿岛、梦之谷、龙泉洞、财政培训中心。

紫娇花 *Tulbaghia violacea* Harv.

石蒜科 Amaryllidaceae　　紫娇花属

特征简介　多年生球根花卉，株高30~50cm。成株丛生状；叶狭长线形，茎叶均含韭味。顶生聚伞花序，花茎细长，自叶丛抽生而出，着花十余朵，花粉紫色，芳香。花期春至秋季。

用途　园路边、林缘带状片植观赏，也可用于冷色系花境配植，也适合假山石边、岩石园点缀，或用于庭院营造小型景观，盆栽可用于阳台、天台等处装饰。

原产地　南非。

砻石分布　海滨广场。

葱莲 *Zephyranthes candida* (Lindl.) Herb.

石蒜科 Amaryllidaceae　　葱莲属

别名　葱兰、玉帘、白花菖蒲莲、韭菜莲、草兰

特征简介　多年生草本，鳞茎卵形；叶狭线形，肥厚，亮绿色；花茎中空；花单生于花茎顶端，佛焰苞状总苞褐红色；花白色，外面常带淡红色；几乎无花被管，花被片6；蒴果近球形。花期秋季。

用途　栽培供观赏。

原产地　南美。

砻石分布　财政培训中心。

红花韭兰 *Zephyranthes minuta* D. Dietr.

石蒜科 Amaryllidaceae　　葱莲属

别名　风雨花

特征简介　多年生草本，鳞茎卵球形；基生叶常数枚簇生，线形，扁平；花单生于花茎顶端，下有佛焰苞状总苞，总苞片下部合生成管；花玫瑰红色或粉红色；花被裂片倒卵形；花药丁字形着生；柱头深3裂。蒴果近球形；种子黑色。花期夏秋季。

用途　引种栽培供观赏。

原产地　南美。

砻石分布　金山中学。

天门冬 *Asparagus cochinchinensis* (Lour.) Merr.

天门冬科 Asparagaceae　　天门冬属

别名　野鸡食

特征简介　攀缘植物。根在中部或近末端成纺锤状膨。茎平滑，常弯曲或扭曲，分枝具棱或狭翅。叶状枝通常每 3 枚成簇，扁平或由于中脉龙骨状而略呈锐三棱形，稍镰刀状。花淡绿色。浆果熟时红色。花期 5~6 月，果期 8~10 月。

用途　室内观赏植物，切花配材，药用。

原产地　河北、山西、陕西、甘肃等地的南部至华东、中南、西南各地。朝鲜、日本、老挝和越南。

礐石分布　金山中学、财政培训中心。

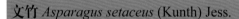

文竹 *Asparagus setaceus* (Kunth) Jess.

天门冬科 Asparagaceae　　天门冬属

特征简介　攀缘植物；根稍肉质，细长。茎的分枝极多，分枝近平滑。叶状枝通常每 10~13 枚成簇，刚毛状，略具三棱，长 4~5mm。鳞片状叶基部稍具刺状距或距不明显。花白色，有短梗；浆果熟时紫黑色。

用途　室内观赏植物，药用。

原产地　非洲南部。

礐石分布　风景区管理局。

吊兰 *Chlorophytum comosum* (Thunb.) Bak.

天门冬科 Asparagaceae　　吊兰属

特征简介　根状茎短，根稍肥厚。叶剑形，绿色或有黄色条纹，向两端稍变狭。花莛比叶长，常变为匍匐枝而在近顶部具叶簇或幼小植株；花白色，常 2~4 朵簇生，排成疏散的总状花序或圆锥花序；蒴果三棱状扁球形。花期 5 月，果期 8 月。

用途　盆栽观赏植物，药用。

原产地　非洲南部。

礐石分布　风景区管理局、塔山、梦之谷、龙泉洞。

朱蕉 *Cordyline fruticosa* (L.) A. Chev.

天门冬科 Asparagaceae　　朱蕉属

别名　红铁树、红叶铁树、朱竹、铁树、也门铁

特征简介　灌木状，直立，叶聚生于茎或枝的上端，矩圆形至矩圆状披针形，绿色或带紫红色，抱茎。圆锥花序，花淡红色、青紫色至黄色；外轮花被片下半部紧贴内轮而形成花被筒，上半部在盛开时外弯或反折。花期11月至翌年3月。

用途　庭院绿化观赏植物，室内观赏盆栽植物；药用。

原产地　原产地不详，今广泛栽种于亚洲温暖地区。

砉石分布　西湖、桃花涧路、焰峰车道。

彩叶朱蕉 *Cordyline fruticosa* 'Amabilis'

天门冬科 Asparagaceae　　朱蕉属

特征简介　多年生常绿灌木。彩色的叶片呈披针形，边缘紫红色，叶片间夹杂几条不规则的红、紫、黄、绿色等深浅不同的条纹色彩。

用途　室外绿化观赏植物，室内观赏盆栽植物。

原产地　云南、四川、贵州、广西、广东、江西、浙江、福建和台湾。亚洲热带地区至非洲的马达加斯加岛。

砉石分布　梦之谷、龙泉洞。

龙血树 *Dracaena draco* (L.) L

天门冬科 Asparagaceae　　龙血树属

特征简介　乔木，树干短粗，茎木质；树液深红色。蓝绿色叶聚生于枝顶，剑形；圆锥花序，花小，白绿色；花被圆筒状、钟状或漏斗状；花被片6，不同程度的合生。浆果近球形，橙色。

用途　栽培供观赏。

原产地　佛得角、摩洛哥、葡萄牙、西班牙。

砉石分布　金山中学、第三人民医院。

金心巴西铁 Dracaena fragrans 'Massangeana'

天门冬科 Asparagaceae   龙血树属

别名 巴西木、太阳神、竹蕉

特征简介 乔木状或灌木状，茎粗大，多分枝；树皮灰褐色或淡褐色，皮状剥落；叶片宽大，叶簇生于茎顶，长椭圆状披针形，弯曲成弓形，叶缘呈波状起伏，叶尖稍钝；鲜绿色，有光泽。穗状花序，花小，黄绿色，芳香。

用途 栽培供观赏。

原产地 产非洲的加那利群岛和非洲几内亚等地。

礐石分布 风景区管理局。

彩虹千年木 Dracaena marginata 'Tricolor Rainbow'

天门冬科 Asparagaceae   龙血树属

特征简介 常绿小乔木，茎干细长而分枝，蜿蜒蛇状扭曲生长，其上具有明显的三角形叶痕。叶片细而软，边缘桃红色，中间绿色，在红绿色之间为绿色，基部抱茎，簇生茎干上部，向四周辐射。

用途 室内观赏植物。

原产地 产马达加斯加。华南和热带亚热带地区广泛栽培。

礐石分布 财政培训中心周围。

富贵竹 Dracaena sanderiana Sand.

天门冬科 Asparagaceae   龙血树属

特征简介 常绿亚灌木，株高 4m 左右。叶互生或近对生，纸质，叶长披针形，具短柄，浓绿色。伞形花序有花 3 ~ 10 朵生于叶腋或与上部叶对生，花冠紫色。浆果近球形，黑色。

用途 盆栽观赏植物。

原产地 华南和热带亚热带地区广泛栽培。产加利群岛及非洲和亚洲。

礐石分布 梦之谷、龙泉洞。

星点木 *Dracaena surculosa* Lindl.

天门冬科 Asparagaceae　　龙血树属

特征简介　常绿灌木。植株丛生，株高 1~2m。
干茎细长挺拔。单叶对生或 3 叶轮生，叶长椭
圆形，浓绿色。叶面有许多不规则的美丽斑点，
斑点黄色或乳白色，极其醒目。叶片外形与花
叶万年青很相似。小苞总状花序，5 月开花，
有香味。
用途　庭园丛植或盆栽，插花花材。
原产地　非洲。华南和热带亚热带地区广泛栽
培。
磐石分布　梦之谷、龙泉洞。

沿阶草 *Ophiopogon bodinieri* H. Lév.

天门冬科 Asparagaceae　　沿阶草属

别　名　铺散沿阶草、矮小沿阶草
特征简介　叶基生成丛，禾叶状，边缘具细锯齿。
花莛较叶稍短或几乎等长，总状花序，花常单
生或 2 朵簇生于苞片腋内。苞片条形或披针形，
少数呈针形，稍带黄色，半透明。花被片卵状
披针形、披针形或近矩圆形，白色或稍带紫色。
种子近球形或椭圆形。花期 6~8 月，果期 8~10
月。
用途　风景区地被植物，盆栽观叶植物，药用。
原产地　云南、贵州、四川、湖北、河南、陕西、
甘肃、西藏和台湾。
磐石分布　衔远亭、文苑、野猪林、防火景观台、
桃花涧路、焰峰车道。

银纹沿阶草 *Ophiopogon intermedius* 'Argenteo-marginatus'

天门冬科 Asparagaceae　　沿阶草属

别名　假银丝马尾
特征简介　多年生常绿草本植物，丛生，具
块状的根状茎。叶基生，成丛，禾叶状，
长 15~55（70）cm，边缘具细齿，叶片具
银白色条纹。花莛长 20~50cm，通常短于叶，
有时等长于叶；总状花序具 15~20 余朵花；
花白色。
用途　地被植物。
原产地　华南常见栽培。
磐石分布　财政培训中心。

41

麦冬 *Ophiopogon japonicus* (L. f.) Ker-Gawl

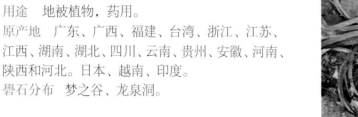

天门冬科 Asparagaceae　　沿阶草属

别名　金边阔叶麦冬、沿阶草、麦门冬、狭叶麦冬、小麦冬、书带草、养神草

特征简介　根较粗，中间或近末端常膨大成椭圆形或纺锤形的小块根；小块根淡褐黄色。茎很短，叶基生成丛，禾叶状，边缘具细锯齿。花葶通常比叶短得多，总状花序；花单生或成对着生于苞片腋内；苞片披针形，先端渐尖；花被片常稍下垂而不展开，白色或淡紫色；种子球形。花期5~8月，果期8~9月。

用途　地被植物，药用。

原产地　广东、广西、福建、台湾、浙江、江苏、江西、湖南、湖北、四川、云南、贵州、安徽、河南、陕西和河北。日本、越南、印度。

礐石分布　梦之谷、龙泉洞。

柱叶虎尾兰 *Sansevieria cylindrica* Bojer

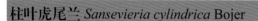

天门冬科 Asparagaceae　　虎尾兰属

特征简介　叶单生，偶有2枚聚生，有时由根茎发出，彼此紧接，直立，圆柱状，实心，或稍压扁，有明显的浅纵槽5~6条，槽间有隆起浑圆的纵棱，近顶部渐狭，成一硬而稍白的短尖头，暗绿色。花3~5朵簇生，或单生于花序上部，绿白色。花期11~12月。

用途　盆栽观赏植物，药用。

原产地　非洲及亚洲南部。我国各地均有栽培。

礐石分布　风景区管理局。

金边虎尾兰 *Sansevieria trifasciata* var. *laurentii* (De Wildem.) N. E. Brown

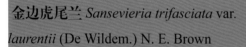

天门冬科 Asparagaceae　　虎尾兰属

别名　金边虎皮兰

特征简介　多年生草本植物。根茎匍匐，无直立茎。叶片肉质，线状披针形，两面有浅绿色和深绿色相间的黑色斑带；花淡绿色或白色，有香味。

用途　室内观叶植物，露地花坛观赏植物。

原产地　热带非洲。

礐石分布　桃花涧路、焰峰车道。

千手丝兰 *Yucca aloifolia* L.

天门冬科 Asparagaceae　　丝兰属

特征简介　常绿灌木或小乔木，耐阴，耐旱，性喜高温多湿。株高可达 4m。有时分枝，茎干直立，细圆形，表面满布环状叶痕；叶绿色或杂以黄褐色和红色等条纹，螺旋状紧密排列于茎上。以观叶为主，属于观叶植物。

用途　栽培供观赏。

原产地　产马达加斯加岛。

磐石分布　教堂的路边。

假槟榔 *Archontophoenix alexandrae* (F. Muell.) H. Wendl. et Drude

棕榈科 Arecaceae　　假槟榔属

特征简介　乔木状；茎圆柱状，基部略膨大；叶羽状全裂，生于茎顶，羽片呈 2 列排列，叶面绿色，叶背面被灰白色鳞秕状物；叶鞘绿色，膨大而包茎；圆锥花序，下垂；花雌雄同株，白色。果实卵球形，红色。花期 4 月，果期 4~7 月。

用途　行道树，园景树。

原产地　产澳大利亚东部。

磐石分布　风景区管理局、西湖。

霸王棕 *Bismarckia nobilis* Hildebr. et H.Wendl

棕榈科 Arecaceae　　霸王棕属

别名　俾斯麦棕

特征简介　乔木状，常绿，高达 20~30 m。基部膨大；叶基宿存，叶片扇形，掌状分裂，浅裂至 1/4~1/3，裂片间有丝状纤维；雌雄异株。花序圆锥状生于叶间，雌花序短粗，雄花序较长，有分枝。果球形，褐色。

用途　行道树、园景树、用材、食用。

原产地　产马达加斯加西部稀树草原地区。

磐石分布　东湖。

鱼尾葵 *Caryota maxima* Blume ex Mart.

棕榈科 Arecaceae　　鱼尾葵属

特征简介　乔木状，茎绿色，被白色的毡状茸毛，具环状叶痕；幼叶近革质，老叶厚革质，羽片互生；具多数穗状的分枝花序；雄花花萼与花瓣不被脱落性的毡状茸毛，萼片宽圆形；果实球形，成熟时红色。花期5~7月，果期8~11月。
用途　栽培作观赏，食材。
原产地　产福建、广东、海南、广西、云南等地。亚热带地区有分布。
礐石分布　桃花涧路、焰峰车道。

短穗鱼尾葵 *Caryota mitis* Lour.

棕榈科 Arecaceae　　鱼尾葵属

特征简介　小乔木状丛生；茎绿色，被微白色毡状茸毛；叶长3~4m，羽片呈楔形或斜楔形，淡绿色；叶柄被褐黑色毡状茸毛；叶鞘边缘具棕黑色纤维。具密集穗状的分枝花序，花序短。果球形，成熟时紫红色。花期4~6月，果期8~11月。
用途　栽培供观赏，食用或酿酒。
原产地　海南、广西。产越南、缅甸、印度、马来西亚、菲律宾、印度尼西亚（爪哇）。
礐石分布　风景区管理局、西湖、桃花涧路、焰峰车道。

散尾葵 *Dypsis lutescens* (H. Wendl.) Been et Dran.

棕榈科 Arecaceae　　散尾葵属

别名　黄椰子、凤凰尾
特征简介　丛生灌木，高2~5m，茎粗基部略膨大；叶羽状全裂，羽片40~60对，2列，黄绿色，表面有蜡质白粉；圆锥花序；花小，卵球形，金黄色，螺旋状着生于小穗轴上；果实为陀螺形或倒卵形。花期5月，果期8月。
用途　栽培供观赏。
原产地　产马达加斯加。
礐石分布　风景区管理局、塔山、梦之谷、龙泉洞、财政培训中心、第三人民医院、西湖、寻梦台、防火景观台、桃花涧路、焰峰车道。

椰子 *Cocos nucifera* L.

棕榈科 Arecaceae 椰子属

别名 椰树

特征简介 植株高大，乔木状；茎有环状叶痕，基部增粗，常有簇生小根；叶羽状全裂；花序腋生，多分枝，佛焰苞纺锤形；雄花萼片3片，花瓣3枚；雌花基部有小苞片数枚，花瓣与萼片相似；果卵球状或近球形，顶端微具三棱。花果期主要在秋季。

用途 观赏，食用。

原产地 产亚洲东南部、印度尼西亚至太平洋群岛。

砻石分布 东湖、西湖。

袖珍椰子 *Chamaedorea elegans* Mart.

棕榈科 Arecaceae 竹节椰属

特征简介 常绿小灌木，盆栽高度一般不超过1m；茎干直立；穗状花序腋生，花黄色，呈小球状；雌雄异株，雌花序营养条件好时稍下垂，浆果橙黄色。花期春季。

用途 栽培作观赏。

原产地 产墨西哥北部和危地马拉。

砻石分布 财政培训中心。

酒瓶椰子 *Hyophorbe lagenicaulis* (L. H. Bailey) H. E. Moore.

棕榈科 Arecaceae 酒瓶椰属

特征简介 单干，树干短，肥似酒瓶；羽状复叶，小叶披针形，中脉和侧脉凸起；叶柄淡红色，没有黄色的条纹；雌雄同株，佛焰苞柔软；果长呈球状，表面粗糙，形状不规则，种子小而扁平。

用途 栽培作观赏。

原产地 产马来西亚。

砻石分布 金山中学、梦之谷、龙泉洞、第三人民医院。

蒲葵 *Livistona chinensis* (Jacq.) R.Br.

棕榈科 Arecaceae　　蒲葵属

特征简介　乔木状，基部常膨大；叶阔肾状扇形，掌状深裂至中部，裂片线状披针形，两面绿色；圆锥状花序，粗壮，总梗上有6~7个佛焰苞；花小，两性。果实椭圆形，黑褐色。花果期4月。
用途　行道树、园景树；其嫩叶编制葵扇，老叶制蓑衣。
原产地　产我国南部。中南半岛亦有分布。
礐石分布　风景区管理局、东湖、第三人民医院、西湖、桃花涧路、焰峰车道。

刺葵 *Phoenix loureiroi* Kunth

棕榈科 Arecaceae　　刺葵属

别名　台湾海枣
特征简介　茎丛生或单生；叶长达2m，羽片线形，呈4列排列；佛焰苞褐色；雌花序分枝短而粗壮；雄花近白色；花萼顶端具3齿；花瓣3，花瓣圆形；果实长圆形，成熟时紫黑色，基部具宿存的杯状花萼。花期4~5月，果期6~10月。
用途　行道树、园景树，食材。
原产地　产台湾、广东、海南、广西、云南等地。
礐石分布　东湖。

江边刺葵 *Phoenix roebelenii* O'Brien

棕榈科 Arecaceae　　刺葵属

别名　美丽珍葵、美丽针葵、罗比亲王海枣、软叶刺葵
特征简介　茎丛生，栽培时常为单生，具宿存的三角状叶柄基部；叶羽片线形，呈2列排列；佛焰苞仅上部裂成2瓣；雄花序与佛焰苞近等长，雌花序短于佛焰苞；果实长圆形，成熟时枣红色。花期4~5月，果期6~9月。
用途　栽培作观赏。
原产地　云南。产缅甸、越南、印度。
礐石分布　财政培训中心、第三人民医院。

棕竹 *Rhapis excelsa* (Thunb.) Henry ex Rehd.

棕榈科 Arecaceae　　棕竹属

别名　裂叶棕竹

特征简介　丛生灌木，茎圆柱形，有节，上部被叶鞘；叶掌状深裂，裂片 4~10 片，不均等，宽线形或线状椭圆形；总花序梗及分枝花序基部各有 1 枚佛焰苞包着，密被褐色弯卷茸毛；花螺旋状着生于小花枝上；果实球状倒卵形。花期6~7月。

用途　庭院绿化，药用。

原产地　南部至西南部。日本。

磬石分布　财政培训中心、西湖、寻梦台、防火景观台。

多裂棕竹 *Rhapis multifida* Burret.

棕榈科 Arecaceae　　棕竹属

特征简介　丛生灌木；叶掌状深裂，扇形，裂片线状披针形；叶柄较长，两面凸圆；花序二回分枝，花序梗上的佛焰苞约 2 个，分枝上的佛焰苞狭管状；花未见；果实球形，熟时黄色至黄褐色。果期11月至翌年4月。

用途　栽培作观赏。

原产地　广西西部、云南东南部。

磬石分布　财政培训中心。

大王椰子 *Roystonea regia* (Kunth) O. F. Cook

棕榈科 Arecaceae　　大王椰属

别名　王棕、王椰、大王椰

特征简介　乔木状，茎直立，茎幼时基部膨大，老时近中部不规则地膨大，向上部渐狭；叶羽状全裂，弓形并常下垂，羽片呈4列排列；圆锥花序，多分枝；花小，雌雄同株；果实近球形至倒卵形，暗红色至淡紫色。花期3~4月，果期10月。

用途　行道树、庭园绿化，果实可作猪饲料。

原产地　南部热带地区常见栽培。

磬石分布　东湖、塔山、财政培训中心、西湖、桃花涧路、焰峰车道、梦之谷、龙泉洞。

金山葵 *Syagrus romanzoffiana* (Cham.) Glassm.

棕榈科 Arecaceae　　金山葵属

别名　皇后葵

特征简介　乔木状；叶羽状全裂，羽片多，每2~5片靠近成组排列成几列；花序一回分枝，基部至中部着生雌花，顶部着生雄花；花雌雄同株；果实近球形或倒卵球形，新鲜时橙黄色，干后褐色。花期2月，果期11月至翌年3月。

用途　栽培作观赏，食用。

原产地　产巴西；热带亚热带地区广泛栽培。

礐石分布　礐石海旁路。

老人葵 *Washingtonia filifera* (Lind. ex Andre) H. Wendl

棕榈科 Arecaceae　　丝葵属

别名　华棕、丝葵、加州蒲葵、华盛顿棕、华盛顿棕榈、壮裙棕

特征简介　单生，茎通常不分枝，表面平滑或粗糙；叶互生，在芽时折叠，羽状或掌状分裂；肉穗花序，花两性，花瓣米色，花小，花萼和花瓣覆瓦状或镊合状排列；花药纵裂，基着或背着；核果，椭球形至球形。花期6~8月。

用途　行道树，园景树。

原产地　产美国加州南部、墨西哥北部。

礐石分布　东湖。

紫鸭跖草 *Tradescantia pallida* (Rose) D. R. Hunt.

鸭跖草科 Commelinaceae　　鸭跖草属

别名　紫竹梅、紫竹兰、紫锦草

特征简介　多年生草本，株高30~50cm，匍匐或下垂；叶长椭圆形，卷曲，先端渐尖，基部抱茎，叶紫色，具白色短茸毛；聚伞花序顶生或腋生，花桃红色；蒴果。花期5~11月。

用途　观赏植物。

原产地　产北美。

礐石分布　金山中学、财政培训中心。

小蚌兰 *Rhoeo spathaceo* 'Compacta'

鸭跖草科 Commelinaceae　　紫露草属

别名　紫万年青叶、蚌花红蚌兰叶
特征简介　多年生草本，茎较粗壮，肉质。节
密生，不分枝。叶基生，密集覆瓦状，无柄。
叶片披针形或舌状披针形，先端渐尖，基部扩
大成鞘状抱茎，上面暗绿色，下面紫色。聚伞
花序生于叶的基部，大部分藏于叶内，花多而
小，白色。蒴果2~3室，室背开裂。花期5~7月。
用途　观赏植物。
原产地　产热带中美洲地区。
碚石分布　第三人民医院。

旅人蕉 *Ravenala madagascariensis* Adans.

鹤望兰科 Strelitziaceae　　旅人蕉属

特征简介　树干像棕榈。叶2行排列于茎顶，
像一把大折扇，叶片长圆形，似蕉叶。花序腋生，
花序轴每边有佛焰苞5~6枚，内有花排成蝎尾
状聚伞花序；萼片披针形，革质；花瓣与萼片
相似，唯中央1枚稍较狭小；种子肾形，被碧
蓝色、撕裂状假种皮。
用途　园景树。
原产地　原产非洲马达加斯加。广东、台湾有
栽培。
碚石分布　东湖、财政培训中心。

芭蕉 *Musa basjoo* Sieb. et Zucc.

芭蕉科 Musaceae　　芭蕉属

别名　芭蕉树
特征简介　植株高2.5~4m。叶片长圆形，先端
钝，基部圆形或不对称，叶面鲜绿色，有光泽；
叶柄粗壮，长达30cm。花序顶生，下垂；苞片
红褐色或紫色；雄花生于花序上部，雌花生于
花序下部；浆果三棱状，长圆形。
用途　庭院树，食用，药用。
原产地　原产琉球群岛。台湾、云南有栽培。
碚石分布　梦之谷、龙泉洞、财政培训中心。

美人蕉 *Canna indica* L.

美人蕉科 Cannaceae   美人蕉属

别名　蕉芋

特征简介　多年生草本植物，全株绿色无毛，被蜡质白粉。地上枝丛生。单叶互生；具鞘状的叶柄；叶片卵状长圆形。总状花序，花单生或对生；萼片3，绿白色，先端带红色；花冠大多红色，外轮退化雄蕊2~3枚，鲜红色；唇瓣披针形，弯曲；蒴果，长卵形，绿色。花果期3~12月。

用途　切花，盆栽，地栽，药用。

原产地　原产印度。

礐石分布　财政培训中心周围。

艳锦竹芋 *Ctenanthe oppenheimiana* 'Quadrictor'

竹芋科 Marantaceae   栉花芋属

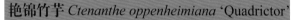

特征简介　多年生草本。地下有根茎，丛生。根出叶，叶长椭圆状披针形，长25~35cm，宽6~10cm，全缘，叶面深绿色，具淡绿色、白色至淡粉红色羽状斑，叶柄及叶背暗红色。

用途　华南等地常见栽培的观叶植物。

原产地　原产南美巴西、哥斯达黎加。

礐石分布　寻梦台。

紫背竹芋 *Stromanthe sanguinea* Sond.

竹芋科 Marantaceae   紫背竹芋属

特征简介　多年生常绿草本；株高30~100cm，有时可达150cm。叶基生，叶柄短，叶长椭圆形至宽披针形，叶面绿色，背面紫红色，全缘；圆锥花序，苞片及萼片红色，花白色。

用途　华南等地常见栽培的观叶植物。盆栽适合厅堂或门厅等处点缀。

原产地　原产巴西。

礐石分布　寻梦台。

再力花 *Thalia dealbata* Fraser.

竹芋科 Marantaceae　　水竹芋属

别名　水竹芋、水莲蕉、塔利亚
特征简介　多年生挺水草本；高达 2m 以上。叶
卵状披针形，浅灰蓝色，边缘紫色，长 50cm，
宽 25cm。复总状花序，花小，紫堇色。
用途　水景绿化的草本植物。
原产地　原产墨西哥及美国东南部地区。
碞石分布　风景区管理局。

垂花再力花 *Thalia geniculata* L.

竹芋科 Marantaceae　　水竹芋属

特征简介　多年生挺水植物，地下具根茎；叶
鞘为红褐色，叶片长卵圆形，先端尖，基部圆形，
全缘，叶脉明显；花茎可达 3m，直立；花序细长，
弯垂，花不断开放，花梗呈之字形；苞片具细
茸毛，花冠粉紫色，先端白色；蒴果。
用途　水生观赏植物。
原产地　原产热带非洲。
碞石分布　风景区管理局。

花叶艳山姜 *Alpinia zerumbet* 'Variegata'

姜科 Zingiberaceae　　山姜属

特征简介　多年生草本；植株高达 3m。叶披针
形，有金黄色纵斑纹。小花梗极短；小苞片椭
圆形，白色，顶端粉红色，蕾时包花，无毛；
花萼近钟形，长约 2cm，白色，顶粉红色；种
子有棱角。花期 4~6 月，果期 7~10 月。
用途　药用，室内外观叶观花植物。
原产地　东南部至南部。原产亚热带地区。
碞石分布　寻梦台。

香蒲 *Typha orientalis* Presl

香蒲科 Typhaceae　　香蒲属

别名　菖蒲、长苞香蒲

特征简介　多年生水生或沼生草本；地上茎粗壮；叶片条形，光滑无毛，横切面呈半圆形，叶鞘抱茎；花序蜡烛状；雌雄花序紧密连接；雄花序轴具白色弯曲柔毛，雌花无小苞片；小坚果椭圆形至长椭圆形，种子褐色。

用途　水生绿化和观赏。

原产地　除沙漠戈壁外，全国多数地区均有分布。菲律宾、日本、俄罗斯及大洋洲等地。

礐石分布　西湖。

中华薹草 *Carex chinensis* Retz.

莎草科 Cyperaceae　　薹草属

特征简介　草本，根状茎短，斜生，木质；秆丛生，纤细，钝三棱形，基部具褐棕色叶鞘；叶长于秆，淡绿色，革质；雌性小穗侧生，顶端和基部常具几朵雄花；雄花鳞片棕色；雌花鳞片淡白色；小坚果紧包于果囊中，菱形，三棱形。花果期4~6月。

用途　田间杂草。

原产地　产陕西、浙江、江西、福建、湖南、广东、四川、贵州。

礐石分布　梦之谷、龙泉洞。

埃及莎草 *Cyperus prolifer* Lam.

莎草科 Cyperaceae　　莎草属

别名　矮纸莎草

特征简介　多年生草本，根状茎短缩，具许多须根；秆丛生或散生，扁三棱形；叶短于秆；苞片2枚，叶状；长侧枝聚伞花序复出或简单；小穗通常呈指状排列；小坚果宽倒卵形，三棱形，淡黄色。花果期很长，随地区而改变。

用途　栽培作观赏。

原产地　福建、台湾、广西、广东、云南、四川。产朝鲜、日本、越南、印度、马来西亚、印度尼西亚、菲律宾以及非洲。

礐石分布　风景区管理局。

风车草 *Cyperus involucratus* Rottb.

莎草科 Cyperaceae　　莎草属

别名　紫苏、旱伞草

特征简介　草本，根状茎短，粗大，须根坚硬；秆近圆柱状，基部包裹的鞘棕色；苞片20枚，向四周平展；多次复出长侧枝聚伞花序具多数第一次辐射枝；小穗密集于第二次辐射枝上端，小穗轴不具翅；小坚果椭圆形，近于三棱形，褐色。

用途　栽培作观赏。

原产地　产非洲。

砻石分布　风景区管理局、塔山。

碎米莎草 *Cyperus iria* L.

莎草科 Cyperaceae　　莎草属

特征简介　一年生草本，无根状茎，具须根；秆丛生，扁三棱形，基部具少数叶，叶鞘红棕色或棕紫色；叶状苞片3~5枚；长侧枝聚伞花序复出，具4~9个辐射枝，穗状花序卵形或长圆状卵形，具5~22个小穗；小坚果倒卵形或椭圆形，三棱形。花果期6~10月。

用途　田间杂草。

原产地　中国多地。俄罗斯远东地区、朝鲜、日本、越南、印度、伊朗、澳大利亚及以非洲北部、美洲。

砻石分布　东湖。

断节莎 *Cyperus odoratus* L.

莎草科 Cyperaceae　　莎草属

特征简介　草本，根状茎短缩；秆粗壮，三棱形，具纵槽，基部膨大呈块茎；叶短于秆，平张；叶鞘长，棕紫色；长侧枝聚伞花序大，复出或多次复出，辐射枝扁三棱形；穗状花序长圆状圆筒形，小穗具6~16朵花；小坚果长圆形或倒卵状长圆形，三棱形。

用途　田间杂草。

原产地　产全世界热带地区。

砻石分布　西湖。

黑莎草 *Gahnia tristis* Nees

莎草科 Cyperaceae　　　黑莎草属

别名　瘦狗母、硷草茅草、大头茅草、虎须
特征简介　丛生草本，须根粗，具根状茎；秆
粗壮，圆柱状，空心；叶基生和秆生，具红棕
色鞘，叶片狭长，边缘及背面具刺状细齿；苞
片叶状，具长鞘；圆锥花序紧缩成穗状；小坚
果倒卵状长圆形，三棱形，成熟时为黑色。花
果期 3~12 月。
用途　全株可做建筑材料，种子可榨油。
原产地　福建、海南、广东、广西和湖南。产
琉球群岛。
礐石分布　塔山。

短叶水蜈蚣 *Kyllinga brevifolia* Rottb.

莎草科 Cyperaceae　　　水蜈蚣属

特征简介　草本，根状茎长而匍匐，外被膜质、
褐色的鳞片；秆成列散生，扁三棱形，具 4~5
个圆筒状叶鞘；叶状苞片 3 枚，极展开；穗状
花序，具极多数密生的小穗，小穗长圆状披针
形或披针形，具 1 朵花；小坚果倒卵状长圆形。
花果期 5~9 月。
用途　栽培作观赏。
原产地　华中、华南和西南地区。印度、缅甸、
越南、马来西亚、印度尼西亚、菲律宾、日本、
澳大利亚以及非洲西部热带地区、美洲。
礐石分布　风景区管理局。

二花珍珠茅 *Scleria biflora* Roxb.

莎草科 Cyperaceae　　　珍珠茅属

特征简介　草本，根状茎粗而短，具须根；秆
丛生，纤细，三棱形；叶秆生，线形；叶鞘在
秆基部无毛，中部以上具狭翅，被长柔毛；圆
锥花序由顶生和侧生枝花序所组成，小穗多为
单性；小坚果近球形或倒卵状圆球形，顶端具
白色短尖。花果期 7~10 月。
用途　田间及荒地杂草。
原产地　浙江、福建、湖南、广东、贵州、云南。
印度、斯里兰卡、尼泊尔、越南、老挝、马来
西亚、日本、朝鲜及澳大利亚。
礐石分布　塔山、梦之谷、龙泉洞。

黑鳞珍珠茅 *Scleria hookeriana* Bocklr.

莎草科 Cyperaceae　珍珠茅属

特征简介　多年生草本；根状茎木质，被紫色鳞片；秆散生或疏丛生，三棱柱形，被微柔毛；叶条形，基部叶鞘顶端具3齿，中部的具宽翅；圆锥花序具支花序；小穗单生或2个簇生，单性；小坚果球形，有三钝棱。花果期6~10月。

用途　造纸，药用。

原产地　浙江、福建、台湾、华南、西南地区。日本、印度、斯里兰卡、马来西亚、印度尼西亚及以中南半岛、大洋洲。

礐石分布　塔山。

高秆珍珠茅 *Scleria terrestris* (L.) Fass.

莎草科 Cyperaceae　珍珠茅属

别名　宽叶珍珠茅

特征简介　草本，匍匐根状茎木质，被深紫色鳞片；秆散生，三棱形。叶线形，纸质，无毛；叶鞘纸质，近秆基部的鞘紫红色；叶舌常被紫色髯毛；圆锥花序，花序轴与分枝被疏柔毛；小穗单生，单性，紫褐色或褐色。小坚果球形或近卵形，白色或淡褐色。花果期5~10月。

用途　药用。

原产地　中国广东、海南、广西、云南。产印度东北部。

礐石分布　梦之谷、龙泉洞。

粉单竹 *Bambusa chungii* McClure

禾本科 Poaceae　簕竹属

特征简介　秆高达18m，径6~8cm，幼时有显著白粉。分枝高，每节具多数分枝，主枝较细，比侧枝稍粗；小枝具6~7叶；叶质较厚，披针形或线状披针形，下面初被微毛，后无毛，侧脉5~6对。

用途　竹器、造纸、庭院绿化。

原产地　湖南南部、福建、广东、广西。

礐石分布　梦之谷、龙泉洞。

观音竹 *Bambusa multiplex* var. *riviereorum* R.Maire

禾本科 Poaceae　箣竹属

特征简介　灌木或乔木状；孝顺竹的变种，下部挺直，绿色；壁稍薄；节处稍隆起，无毛；竿实心，箨鞘呈梯形，背面无毛，箨耳极微小以至不明显，箨片直立，易脱落，狭三角形；叶片线形，假小穗线形至线状披针形，含小花，内稃线形，花药紫色；成熟颖果未见。
用途　园林观赏。
原产地　原产华南地区。
礐石分布　金山中学。

小琴丝竹 *Bambusa multiplex* 'Alphonse-Karr' R.A.Young

禾本科 Poaceae　箣竹属

特征简介　灌木或乔木状竹类植物，尾梢近直或略弯，下部挺直，绿色；节处稍隆起，无毛；竿和分枝的节间黄色，具不同宽度的绿色纵条纹，竿箨新鲜时绿色，具黄白色纵条纹；叶片线形，上面无毛，下面粉绿而密被短柔毛，苞片线形至线状披针形，小穗含小花；成熟颖果。
用途　景观植物。
原产地　分布于四川、广东、台湾等地。
礐石分布　桃花涧路、焰峰车道、寻梦台。

撑篙竹 *Bambusa pervariabilis* McClure

禾本科 Poaceae　箣竹属

特征简介　乔木状竹类植物，尾梢近直立，下部挺直；节间通直，竿壁厚，节处稍有隆起，分枝坚挺；叶片线状披针形，假小穗以数枚簇生于花枝各节，线形，小穗含小花，颖长圆形，无毛；颖果幼时宽卵球状。
用途　竿材坚实而挺直，常用于建筑工程脚手架、撑竿、担竿、扁担、农具、竹家具、竹编制品等。竿表面刮制的"竹茹"可供药用。
原产地　产华南地区。
礐石分布　风景区管理局。

青皮竹 *Bambusa textilis* McClure

禾本科 Poaceae   簕竹属

别名　扎蓬竹、搭棚竹、高竹、晾衣竹、广宁竹、小青竹、山青竹、篾竹

特征简介　灌木或乔木状，尾梢弯垂，下部挺直；节间绿色，竿壁薄；节处平坦，无毛。箨鞘早落；革质，箨耳较小，不倾斜，箨片直立，卵状狭三角形。叶鞘无毛，背部具脊，叶耳发达，镰刀形，叶舌极低矮，无毛；叶片线状披针形至狭披针形，上面无毛，下面密生短柔毛，先出叶宽卵形，顶生小花不孕。

用途　编制各种竹器、竹缆、竹笠和工艺品等。

原产地　产广东和广西。

礐石分布　金山中学。

佛肚竹 *Bambusa ventricosa* McClure

禾本科 Poaceae   簕竹属

别名　小佛肚竹

特征简介　丛生型竹类植物；幼秆深绿色，稍被白粉，老时转榄黄色；秆二型：正常圆筒形，畸形秆节间较正常短；箨叶卵状披针形；箨鞘无毛；箨耳发达，圆形或卵形至镰刀形；箨舌极短。

用途　景观绿化。

原产地　产广东。

礐石分布　金山中学、塔山、财政培训中心周围、西湖、衔远亭、文苑。

黄金间碧竹 *Bambusa vulgaris* Schrader ex Wendle 'Vittata'

禾本科 Poaceae   簕竹属

别名　玉韵竹

特征简介　龙头竹的一个变种。茎秆黄色，节间正常，但具宽窄不等的绿色纵条纹，箨鞘在新鲜时为绿色而具宽窄不等的黄色纵条纹。

用途　观赏。

原产地　广西、海南、云南、广东和台湾等地的南部地区庭园中有栽培。

礐石分布　金山中学、桃花涧路、焰峰车道。

箬竹 *Indocalamus tessellatus* (Munro)Keng. f

禾本科 Poaceae　箬竹属

别名　场鞘茶竿竹

特征简介　杆箨长于节间，被棕色刺毛，边缘
有棕色纤毛；箨叶披针形或线状披针形，长达
5cm，不抱茎，易脱落；每小枝2至数叶，叶椭
圆状披针形，下面沿中脉一侧有一行细毛，余
无毛；叶柄长约1cm，上面有柔毛；花序、小穗
及小穗柄被柔毛。

用途　衬垫茶篓，制作防雨用品，包裹粽子。

原产地　浙江西天目山、衢江区和湖南零陵阳明
山。

礐石分布　梦之谷、龙泉洞。

苗竹仔 *Schizostachyum dumetorum* (Hance) Munro

禾本科 Poaceae　思劳竹属

特征简介　秆高4~5(10)m，秆梢细弱下垂或攀
缘，小枝具5~7叶；叶鞘无毛，叶耳不明显，
叶舌不规则浅裂；叶披针形，上面疏被贴生刺
毛，下面无毛；果纺锤形，无毛，具喙。

用途　观赏，药材。

原产地　广东。

礐石分布　塔山。

扛竹 *Sinobambusa henryi* (McClure) Chu et Chao

禾本科 Poaceae　唐竹属

别名　南丹唐竹

特征简介　竿通直；节间圆柱形，于分枝一侧扁平
或具沟槽，节下方初具白粉与猪皮状微小凹纹斑；
新秆绿色，节下具白粉和刺毛，粗糙，箨环密被毛；
末级小枝通常具3~5叶；叶柄黄绿色，上表面具糙毛；
叶片披针形至长椭圆状披针形，先端渐尖，基部近
钝圆，上面绿色无毛，下面稍带苍白色，疏生细柔毛，
次脉4对，两面均可见小横脉，两边缘均具小锯齿。

用途　竹材粗大通直，宜于编箩、篓、箕，作书架、
椅等用。

原产地　广东及广西。

礐石分布　风景区管理局。

泰竹 *Thyrsostachys siamensis* (Kurz ex Munro) Gamble

禾本科 Poaceae　泰竹属

特征简介　秆直立，竹丛极密；株幼时被白柔毛，秆壁厚，基部近实心，秆环平，节下具高约5mm白色毛环；茎秆直立，竹丛极密；花枝呈圆锥花序状，苍白色，具多数纤细分枝，其每节丛生有少数假小穗，假小穗丛下方托以一船形、无毛、先端平截之苞片；颖果圆柱形，先端具喙。

用途　景观绿化，笋食用。

原产地　台湾、福建、广及云南有栽培。产缅甸和泰国。

碧石分布　风景区管理局。

大叶油草 *Axonopus compressus* (Sw.) Beauv.

禾本科 Poaceae　地毯草属

别名　地毯草

特征简介　多年生草本，节密生灰白色柔毛；具长匍匐枝；叶鞘松弛，基部者互相跨复，压扁，呈脊，边缘质较薄，近鞘口处常疏生毛；叶片扁平，质地柔薄，近基部边缘疏生纤毛；总状花序2~5枚，最长两枚成对而生，指状排列于主轴上；鳞片2，折叠，具细脉纹；花柱基分离，柱头羽状，白色。

用途　铺建草坪、牧草。

原产地　台湾、广东、广西、云南有分布。原产热带美洲。

碧石分布　塔山。

四生臂形草 *Brachiaria subquadripara* (Trin.) Hitchc

禾本科 Poaceae　臂形草属

特征简介　一年生草本；秆纤细，下部平卧地面，节上生根，节膨大而生柔毛，节间具狭糟；叶片披针形至线状披针形，先端渐尖，基部圆形，边缘增厚而粗糙，常呈微波状；圆锥花序由3~6枚总状花序组成；鳞被2，折叠；雄蕊3；花柱基分离。花果期9~11月。

用途　优良牧草。

原产地　产江西、湖南、贵州、福建、台湾、广东、广西。分布于亚洲热带地区和大洋洲。

碧石分布　西湖。

蒺藜草 *Cenchrus echinatus* L.

禾本科 Poaceae　蒺藜草属

特征简介　一年生草本，须根较粗壮；秆基部膝曲或横卧地面而于节处生根，下部节间短且常具分枝；叶鞘松弛，压扁具脊，上部叶鞘背部具密细疣毛，近边缘处有密细纤毛，下部边缘多数为宽膜质无纤毛；叶舌短小；叶片线形或狭长披针形，质较软；总状花序直立；花序主轴具棱粗糙；颖果椭圆状扁球形。花果期夏季。

用途　抽穗前作饲用。

原产地　产海南、台湾、云南南部。

礐石分布　西湖、财政培训中心周围。

弓果黍 *Cyrtococcum patens* (L.) A. Camus

禾本科 Poaceae　弓果黍属

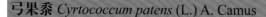

别名　瘤穗弓果黍

特征简介　一年生草本，秆较纤细；叶舌膜质，顶端圆形，叶片线状披针形或披针形，顶端长渐尖，基部稍收狭或近圆形，两面贴生短毛，老时渐脱落，边缘稍粗糙，近基部边缘具疣基纤毛；圆锥花序由上部秆顶抽出；分枝纤细，腋内无毛；小穗柄长于小穗；颖具 3 脉，第一颖卵形，顶端尖头；第二颖舟形，顶端钝；雄蕊 3，花果期 9 月至翌年 2 月。

用途　景观栽培。

原产地　产江西、广东、广西、福建、台湾和云南等地。

礐石分布　风景区管理局、塔山、梦之谷、龙泉洞。

龙爪茅 *Dactyloctenium aegyptium* (L.) Beauv.

禾本科 Poaceae　龙爪茅属

特征简介　一年生草本；秆直立，或基部横卧地面，于节处生根且分枝；叶舌膜质；叶片扁平，顶端尖或渐尖，两面被疣基毛；穗状花序 2~7 个指状排列于秆顶；小穗含 3 小花；第一颖沿脊龙骨状凸起上具短硬纤毛，第二颖顶端具短芒；鳞被楔形具 5 脉；囊果球状。花果期 5~10 月。

用途　药用。

原产地　华东、华南和中南等地。

礐石分布　风景区管理局、东湖、财政培训中心、财政培训中心周围。

马唐 *Digitaria sanguinalis* (L.) Scop.

禾本科 Poaceae 马唐属

特征简介 一年生草本，秆直立或下部倾斜，膝曲上升；叶鞘短于节间，无毛或散生疣基柔毛；叶片线状披针形，基部圆形，边缘较厚，微粗糙，具柔毛或无毛；总状花序；小穗椭圆状披针形；第一颖小，短三角形，无脉；第二颖具 3 脉，披针形，脉间及边缘大多具柔毛。花果期 6~9 月。

用途 牧草。

原产地 产西藏、四川、新疆、陕西、甘肃、山西、河北、河南及安徽等地。

磐石分布 金山中学。

牛筋草 *Eleusine indica* (L.) Gaertn.

禾本科 Poaceae 䅟属

别名 蟋蟀草

特征简介 一年生草本，根系极发达；秆丛生，基部倾斜；叶鞘两侧压扁而具脊，松弛，无毛或疏生疣毛；叶片平展，线形；穗状花序 2~7 个指状着生于秆顶，很少单生；小穗含 3~6 小花；颖披针形，具脊，脊粗糙；囊果卵形，基部下凹，具明显的波状皱纹；鳞被 2，折叠，具 5 脉。花果期 6~10 月。

用途 饲用，药用。

原产地 南北各地。

磐石分布 东湖、西湖。

知风草 *Eragrostis ferruginea* (Thunb.) Beauv.

禾本科 Poaceae 画眉草属

别名 梅氏画眉草

特征简介 多年生草本；叶鞘极两侧扁，基部相互跨覆，长于节间，无毛，鞘口两侧密生柔毛，主脉有腺点，叶舌为一圈短毛；叶平展或折叠；圆锥花序大而开展，每节有 1~3 分枝；小枝中部及小穗柄有长圆形腺体；小穗多黑紫色，稀黄绿色，长圆形，有 7~12 小花；颖披针形，1 脉；颖果棕红色。

用途 饲用，药用，固土。

原产地 产南北各地。分布于朝鲜、日本、东南亚等处。

磐石分布 梦之谷、龙泉洞。

乱草 *Eragrostis japonica* (Thunb.) Trin.

禾本科 Poaceae　　画眉草属

特征简介　一年生草本；茎有节；叶鞘无毛，通常长于节间，叶舌膜质；叶平滑，无毛；圆锥花序长圆形；分枝纤细，簇生或轮生，腋间无毛；小穗卵圆形，成熟后紫色，有4~8小花，自小穗轴自上而下逐节断落；颖近等长，1脉，先端钝；雄蕊2；颖果棕红色透明，卵圆形。
用途　药用。
原产地　产安徽、浙江、台湾、湖北、江西、广东、云南等地。
礐石分布　风景区管理局、西湖。

白茅 *Imperata cylindrica* (L.) Beauv.

禾本科 Poaceae　　白茅属

别名　毛启莲、红色男爵白茅
特征简介　多年生草本，具粗壮的长根状茎；株具1~3节，节无毛；叶鞘聚集于秆基，质地较厚，老后破碎呈纤维状；叶舌膜质，紧贴其背部或鞘口具柔毛，分蘖叶片扁平，质地较薄；圆锥花序稠密，雄蕊2枚；花柱细长，柱头2，紫黑色羽状，自小穗顶端伸出；颖果椭圆形；花果期4~6月。
用途　药用。
原产地　产于辽宁、河北、山西、山东、陕西、新疆等北方地区。
礐石分布　财政培训中心周围。

淡竹叶 *Lophatherum gracile* Brongn.

禾本科 Poaceae　　淡竹叶属

别名　碎骨草、山鸡米草、竹叶草
特征简介　须根中部膨大呈纺锤形小块根；茎秆5~6节；叶鞘平滑或外侧边缘具纤毛；叶舌褐色，背有糙毛；叶片具横脉，基部收窄成柄状；圆锥花序；小穗线状披针形，柄极短；颖先端钝，5脉，边缘膜质；第一外稃7脉，先端具尖头，内稃较短；颖果长椭圆形。
用途　药用。
原产地　产江苏、安徽、浙江、江西、福建、台湾、湖南、广东、广西、四川、云南。
礐石分布　塔山、梦之谷、龙泉洞。

红毛草 *Melinis repens* (Willd.) Zizka

禾本科 Poaceae   糖蜜草属

特征简介 多年生草本；株节间常具疣毛，节具软毛；根茎粗壮；叶鞘松弛，大都短于节间；叶片线形；圆锥花序开展，分枝纤细；小穗柄纤细弯曲，顶端稍膨大，疏生长柔毛；小穗常被粉红色绢毛；有3雄蕊；花柱分离，柱头羽毛状；鳞被2，折叠，具5脉。花果期6~11月。
用途 药用。
原产地 广东、台湾等地有引种。原产南非。
磐石分布 财政培训中心周围。

五节芒 *Miscanthus floridulus* (Lab.) Warb. ex K. Schum et Laut.

禾本科 Poaceae   芒属

特征简介 多年生草本，具发达根状茎；节下具白粉，叶鞘无毛，鞘节具微毛；叶舌顶端具纤毛；叶片披针状线形，扁平，顶端长渐尖，中脉粗壮隆起，两面无毛，边缘粗糙；圆锥花序大型稠密，主轴粗壮，无毛；分枝较细弱，通常10多枚簇生于基部各节，具2~3回小枝，腋间生柔毛；小穗卵状披针形，黄色。花果期5~10月。
用途 幼叶作饲料，秆可造纸原料，根状茎药用。
原产地 产于江苏、浙江、福建、台湾、广东、海南、广西等地。
磐石分布 梦之谷、龙泉洞。

芒草 *Miscanthus sinensis* Anderss

禾本科 Poaceae   芒属

别名 花叶芒、高山鬼芒、芒、高山芒、紫芒、黄金芒
特征简介 多年生苇状草本；株无毛或在紧接花序部分具柔毛；叶鞘无毛，长于其节间；叶舌膜质，顶端及其后面具纤毛；叶片线形，下面疏生柔毛及被白粉，边缘粗糙；圆锥花序直立，小枝节间三棱形，边缘微粗糙，颖果长圆形，暗紫色。
用途 造纸。
原产地 江苏、浙江、江西、湖南、福建、台湾、广东、海南、广西、四川、贵州、云南等地。
磐石分布 塔山、梦之谷、龙泉洞。

类芦 *Neyraudia reynaudiana* (Kunth.) Keng

禾本科 Poaceae　　类芦属

特征简介　多年生草本，具木质根状茎，须根粗而坚硬；秆直立，通常节具分枝，节间被白粉；叶鞘无毛，仅沿颈部具柔毛；叶舌密生柔毛；叶片扁平或卷折，顶端长渐尖。圆锥花序分枝细长；小穗含5~8小花，第一外稃不孕，无毛；颖片短小；外稃长约4mm，边脉生有柔毛，顶端具向外反曲的短芒；内稃短于外稃。花果期8~12月。

用途　水土保持草种。

原产地　长江流域地区及华南、华东地区。

礐石分布　塔山、西湖。

雀稗 *Paspalum thunbergii* Kunth ex Steud.

禾本科 Poaceae　　雀稗属

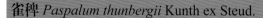

特征简介　多年生草本，秆直立，丛生，节被长柔毛；叶鞘具脊，长于节间，被柔毛；叶舌膜质；叶片线形，两面被柔毛；总状花序3~6枚，互生于的主轴上，形成总状圆锥花序，分枝腋间具长柔毛；第二颖与第一外稃相等，膜质，具3脉，边缘有明显微柔毛；第二外稃等长于小穗，革质，具光泽。花果期5~10月。

用途　优等牧草。

原产地　分布于日本、朝鲜和中国。产江苏、浙江、台湾、福建、江西、湖北、湖南、四川、贵州、云南、广西、广东等地。

礐石分布　梦之谷、龙泉洞。

红象草 *Pennisetum purpureum* Schum 'Red'

禾本科 Poaceae　　狼尾草属

特征简介　狼尾草属牧草品种。丰产性较好，分蘖力较弱，品质优。成熟期株高3.5~4.5m，直立型，须根发达；茎圆柱状，茎叶紫红色，叶片长披针形，长60~130cm，叶片宽2.5~5.0cm，叶面茸毛明显；老熟植株抗倒伏性强，在南亚热带地区可开花，结实率低。

用途　牧草，园林观赏。

原产地　巴西。

礐石分布　海滨广场。

羽绒狼尾草 *Pennisetum villosum* R.Br. ex Fresen

禾本科 Poaceae　　狼尾草属

特征简介　狼尾草属中比较高大的品种。一年生草本，暖季型，丛生，株高 120~170cm。穗状圆锥花序，粉白色，具长茸毛。花期 6~10 月。

用途　园林中片植，盆栽。

原产地　我国北部。

碧石分布　海滨广场。

芦苇 *Phragmites australis* (Cav.) Trin. ex Steud.

禾本科 Poaceae　　芦苇属

特征简介　多年生草本；茎具 20 多节，最长节间位于下部第 4~6 节，节下被腊粉；叶舌边缘密生一圈长约 1mm 纤毛，易脱落；圆锥花序，分枝多数，着生稠密下垂的小穗；小穗柄无毛；小穗具 4 花；颖具 3 脉；颖果长约 1.5mm。

用途　秆为造纸原料或作编席织帘及建棚材料，茎、叶嫩时为饲料，根状茎供药用，固堤造陆。

原产地　产全国各地。

碧石分布　西湖。

金丝草 *Pogonatherum crinitum* (Thunb.) Kunth

禾本科 Poaceae　　金发草属

别名　笔子草、牛母草、黄毛草、金丝茅

特征简介　秆丛生；株具纵条纹，粗糙，通常 3~7 节，节上被白色髯毛，少分枝；叶鞘边缘薄纸质，除鞘口或边缘被细毛外，余均无毛；叶舌短，纤毛状；叶片线形扁平，顶端渐尖，两面均被微毛而粗糙；穗形总状花序单生于秆顶，细弱而微弯曲，乳黄色；颖果卵状长圆形。花果期 5~9 月。

用途　全株药用，牧草。

原产地　长江流域及华南、西南地区。日本、中南半岛、印度等地也有分布。

碧石分布　财政培训中心。

皱叶狗尾草 *Setaria plicata* (Lam.) T. Cooke

禾本科 Poaceae　　狗尾草属

别名　风打草

特征简介　多年生草本；茎秆通常瘦弱；叶鞘背脉常呈脊；叶舌边缘密生纤毛；叶片质薄，椭圆状披针形或线状披针形，先端渐尖，基部渐狭呈柄状，具较浅的纵向皱褶；圆锥花序狭长圆形或线形；小穗着生小枝一侧，绿色或微紫色；颖果熟时可食用。花果期6~10月。

用途　药用。

原产地　产长江以南各地。南亚、马来群岛、日本南部。

礐石分布　风景区管理局。

狗尾草 *Setaria viridis* (L.) Beauv.

禾本科 Poaceae　　狗尾草属

特征简介　一年生草本，根为须状，秆直立或基部膝曲；叶鞘边缘具较长的密绵毛状纤毛；叶舌极短，缘有纤毛；叶片扁平，长三角状狭披针形或线状披针形，先端渐尖，基部钝圆形，边缘粗糙；圆锥花序，主轴被较长柔毛，通常绿色或褐黄色到紫红色或紫色；颖果灰白色。花果期5~10月。

用途　可作饲料及药用。

原产地　产于欧亚大陆的温带和暖温带地区。

礐石分布　风景区管理局、财政培训中心。

鼠尾粟 *Sporobolus fertilis* (Steud.) W. D. Glayt

禾本科 Poaceae　　鼠尾粟属

特征简介　多年生草本，须根较粗壮且较长；秆直立丛生；叶舌极短，纤毛状；叶片质较硬，平滑无毛，或仅上面基部疏生柔毛，通常内卷，先端长渐尖；圆锥花序较紧缩呈线形，常间断，或稠密近穗形，小穗密集着生基部其上；小穗灰绿色且略带紫色；颖膜质；雄蕊3，花药黄色；囊果成熟后红褐色。花果期3~12月。

用途　药用。

原产地　产秦岭以南、华南以北各地。分布于南亚、东南亚及东亚地区。

礐石分布　风景区管理局。

细茎针茅 *Stipa tenuissima* Trin.

禾本科 Poaceae   针茅属

特征简介　多年生常绿草本，高30~50cm，植株密集丛生。叶细长如丝，绿色。穗状花序银白色，柔软下垂，羽毛状，柔软下垂，形态优美，微风吹拂，分外妖娆。花期6~9月，即使在冬季变成黄色时仍具观赏性。

用途　园林中可与岩石配置，也可种于路旁、小径，具有野趣。亦可用作花坛、花境镶边。

原产地　欧洲中部、南部和亚洲。

碞石分布　海滨广场。

棕叶芦 *Thysanolaena latifolia* (Roxb. ex Horn.) Hond.

禾本科 Poaceae   棕叶芦属

特征简介　多年生丛生草本；秆直立粗壮，具白色髓部，不分枝；叶鞘无毛；叶片披针形，具横脉，顶端渐尖，基部心形，具柄；圆锥花序大型，柔软，分枝多；颖片无脉；第一花仅具外稃；第二外稃卵形，厚纸质，具3脉，顶端具小尖头；内稃膜质，较短小；花药褐色；颖果长圆形。一年有两次花果期，春夏或秋季。

用途　观赏植物，造纸。

原产地　产台湾、广东、广西、贵州。

碞石分布　塔山、财政培训中心、西湖。

细叶结缕草 *Zoysia pacifica* (Goud.) M. Hotta et S. Kuroki

禾本科 Poaceae   结缕草属

特征简介　多年生草本，茎具匍匐茎；叶鞘无毛，紧密裹茎；叶舌膜质，顶端碎裂为纤毛状，鞘口具丝状长毛；小穗窄狭，黄绿色，披针形；第一颖退化，第二颖革质，顶端及边缘膜质，具不明显的5脉；外稃具1脉，内稃退化；无鳞被；花柱2，柱头帚状；颖果与稃体分离。

用途　草坪铺建。

原产地　产我国南部地区。

碞石分布　金山中学、财政培训中心、塔山。

木防己 *Cocculus orbiculatus* （L.）DC.

防己科 Menispermaceae　　木防己属

别名　土木香、青藤香
特征简介　木质藤本。嫩枝密被柔毛，老枝近无毛，有直纹；叶纸质，常卵形，常全缘，叶柄被柔毛；聚伞花序腋生或作总状花序排列，萼片6枚、花瓣6枚，雄蕊比花瓣短；核果球形。花期4~8月，果期8~10月。
用途　药用。
原产地　全国各地，尤其是南方地区。亚洲东南部、东部及夏威夷群岛。
礐石分布　塔山。

细圆藤 *Pericampylus glaucus* （Lam.）Merr.

防己科 Menispermaceae　　细圆藤属

别名　广藤
特征简介　木质大藤本。小枝被灰黄色茸毛，老枝无毛，有直线纹。叶纸质或薄革质，三角状卵形，顶端具小突尖，基部截平；掌状脉3~5；聚伞花序或伞房状聚伞圆锥花序被茸毛；萼片9枚，花瓣6枚，核果红色或紫色。花期夏季，果期秋季。
用途　药用，纤维。
原产地　华南、西南地区。
礐石分布　梦之谷、龙泉洞、三院、西湖、寻梦台、防火景观台、西入口。

中华青牛胆 *Tinospora sinensis* (Lour.) Merr.

防己科 Menispermaceae　　青牛胆属

别名　宽筋藤
特征简介　藤本，长可达20m以上；枝稍肉质，嫩枝绿色，有条纹，被柔毛，老枝肥壮，具褐色、膜质、通常无毛的表皮，叶纸质，阔卵状近圆形，全缘，两面被短柔毛，背面甚密；掌状脉5条，叶柄被短柔毛，长6~13cm。总状花序先叶抽出，核果红色，近球形。花期4月，果期5~6月。
用途　药用。
原产地　广东、广西和云南。斯里兰卡、印度和中南半岛。
礐石分布　风景园林管理局、塔山、金山中学。

威灵仙 *Clematis chinensis* Osbeck

毛茛科 Ranunculaceae　　铁线莲属

别名　移星草、九里火、乌头力刚、白钱草、青风藤、铁脚威灵仙、粉威仙

特征简介　木质藤本。茎、小枝近无毛或疏生短柔毛。一回羽状复叶有5小叶；小叶片纸质，卵形。常为圆锥状聚伞花序，多花，腋生或顶生；花白色，长圆形，顶端常凸尖，外面边缘密生茸毛或中间有短柔毛。瘦果扁，卵形至宽椭圆形，有柔毛，花柱宿存。花期6~9月，果期8~11月。

用途　药用。

原产地　长江流域各地，华南、华东、西南地区。越南也有分布。

磐石分布　梦之谷、龙泉洞。

莲 *Nelumbo nucifera* Gaertn.

莲科 Nelumbonaceae　　莲属

别名　荷花、菡萏、芙蓉、芙蕖、莲花、碗莲

特征简介　多年生水生草本；根状茎横生，肥厚，节间膨大，节部缢缩。叶圆形，盾状，全缘稍呈波状，上面光滑，具白粉；花梗和叶柄散生小刺；花直径10~20cm，美丽，芳香；花瓣红色、粉红色或白色。坚果椭圆形或卵形；种子卵形或椭圆形。花期6~8月，果期8~10月。

用途　根状茎作蔬菜或提制淀粉；种子供食用；全株可作药用；叶可泡茶，也可作包装材料。

原产地　长江流域、黄河流域及全国各地。栽培在池塘或水田内。俄罗斯、朝鲜、日本、印度、越南，亚洲南部和大洋洲。

磐石分布　风景园林管理局、桃花涧路、焰峰车道。

银桦 *Grevillea robusta* A. Cunn. ex R. Br.

山龙眼科 Proteaceae　　银桦属

特征简介　乔木，树皮暗灰色或暗褐色，具浅皱纵裂；嫩枝被锈色茸毛。叶二次羽状深裂，裂片7~15对；总状花序，腋生，或排成少分枝的顶生圆锥花序；花橙色或黄褐色，顶部卵球形，下弯；果卵状椭圆形，果皮革质，黑色，宿存花柱弯；种子长盘状，边缘具窄薄翅。花期3~5月，果期6~8月。

用途　行道树，家具用材。

原产地　澳大利亚东部；全世界热带、亚热带地区有栽培。

磐石分布　金山中学、桃花涧路、焰峰车道。

红花檵木 *Loropetalum chinense* var. *rubrum* Yieh

金缕梅科 Hamamelidaceae   檵木属

别名　红檵花、红桎木、红檵木、红花桎木、红花继木

特征简介　常绿灌木或小乔木。树皮暗灰色或浅灰褐色，多分枝。嫩枝红褐色，密被星状毛。叶革质互生，卵圆形或椭圆形，不对称，暗红色。花瓣 4 枚，紫红色线形，长 1~2cm。蒴果褐色，近卵形。花期 4~5 月，果期 8 月。

用途　观赏，药用。

原产地　我国中部、南部及西南各地。亦见于日本及印度。

礐石分布　财政培训中心、广场、绿岛。

乌蔹莓 *Cayratia japonica* (Thunb.) Raf.

葡萄科 Vitaceae   乌蔹莓属

别名　虎葛、五爪龙、五叶莓、地五加、过山龙、五将草、五龙草

特征简介　草质藤本。小枝圆柱形，有纵棱纹，无毛或微被疏柔毛。卷须 2~3 叉分枝，相隔 2 节间断与叶对生。叶为鸟足状 5 小叶，中央小叶长椭圆形或椭圆披针形，花序腋生，复二歧聚伞花序。果实近球形，种子三角状倒卵形，顶端微凹，基部有短喙。花期 3~8 月，果期 8~11 月。

用途　全草入药，有凉血解毒、利尿消肿之功效。

原产地　华南、西南和长江流域各地。

礐石分布　风景区管理局、塔山、第三人民医院、西湖。

白粉藤 *Cissus repens* Lam.

葡萄科 Vitaceae   白粉藤属

别名　栎叶粉藤

特征简介　草质藤本。小枝圆柱形，有纵棱纹，常被白粉，无毛。卷须 2 叉分枝，相隔 2 节间断与叶对生。叶心状卵圆形，花序顶生或与叶对生，二级分枝 4~5 集生成伞形；果实倒卵圆形，有种子 1 枚，种子倒卵圆形，顶端圆形，基部有短喙，表面有稀疏突出棱纹。花期 7~10 月，果期 11 月至翌年 5 月。

用途　室内美化。

原产地　产广东、广西、贵州、云南。

礐石分布　风景区管理局、塔山。

地锦 *Parthenocissus tricuspidata* (Sieb. et Zucc.) Planch

葡萄科 Vitaceae　　地锦属

别名　爬墙虎、田代氏大戟、铺地锦、地锦草、爬山虎

特征简介　木质落叶大藤本；单叶，通常3裂，基部心形，有粗锯齿，两面无毛或下面脉上有短柔毛；花序生于短枝上，多歧聚伞花序，序轴不明显；花萼无毛；花瓣长椭圆形；果球形，成熟时蓝色，有种子1~3枚。花期6~11月，果期10月至翌年4月。

用途　垂直绿化，园景树，用材。

原产地　吉林、辽宁、河北、河南、山东、安徽、江苏、浙江、福建、台湾。产朝鲜和日本。

磐石分布　西湖、财政培训中心。

葡萄 *Vitis vinifera* L.

葡萄科 Vitaceae　　葡萄属

别名　全球红

特征简介　木质藤本。小枝圆柱形，有纵棱纹，无毛或被稀疏柔毛；卷须2叉分枝，每隔2节间断与叶对生。叶卵圆形，多花，与叶对生，果实球形或椭圆形，直径1.5~2cm；种子倒卵椭圆形，顶短近圆形，基部有短喙，种脐在种子背面中部呈椭圆形。花期4~5月，果期8~9月。

用途　可食用，根和藤药用能止呕、安胎。

原产地　原产亚洲西部。

磐石分布　财政培训中心。

大叶相思 *Acacia auriculiformis* A. Cunn. ex Benth.

豆科 Fabaceae　　金合欢属

别名　耳叶相思

特征简介　乔木；枝条下垂，小枝无毛，皮孔显著；叶状柄镰状长圆形，两端渐狭，比较显著的主脉有3~7条；穗状花序，簇生于叶腋或枝顶，花橙黄色，花瓣长圆形；荚果初始平直，成熟时旋卷。原产地通常6~7月（冬季）开花，8~10月（冬春季节）可获得成熟种子。

用途　造林树，护林树。

原产地　原产澳大利亚北部及新西兰。

磐石分布　塔山、第三人民医院、寻梦台、防火景观台。

台湾相思 *Acacia confusa* Merr.

豆科 Fabaceae   金合欢属

别名　相思仔、台湾柳、相思树

特征简介　乔木，枝灰色或褐色，无刺；第一片真叶为羽状复叶，长大后小叶退化，叶柄变为叶状柄，纵脉明显；头状花序球形，单生或簇生于叶腋，花金黄色，有微香；荚果扁平，顶端钝而有凸头。花期3~10月，果期8~12月。

用途　遮阴树，行道树，园景树，防风树，护坡树，用材，药材。

原产地　原产台湾、福建、广东、广西、云南。

礐石分布　东湖、塔山、梦之谷、龙泉洞、财政培训中心、第三人民医院、西湖、衔远亭、文苑、野猪林、寻梦台、防火景观台、西入口、桃花涧路、焰峰车道。

马占相思 *Acacia mangium* Willd.

豆科 Fabaceae   金合欢属

特征简介　常绿乔木；树皮粗糙，小枝有棱；叶状柄纺锤形，较大，中部宽两端窄，纵向平行脉4条；穗状花序腋生，下垂，花淡黄白色；荚果扭曲，微木质。花期10月，中国广东、海南果期5~6月。

用途　行道树，园景树，薪材，药材，木材。

原产地　原产于澳大利亚昆士兰沿海、巴布亚新几内亚西南部及印度尼西亚东部。

礐石分布　西湖、寻梦台、防火景观台、西入口。

海红豆 *Adenanthera microsperma* Teijs. et Binn.

豆科 Fabaceae   海红豆属

别名　相思格、孔雀豆、红豆

特征简介　乔木；嫩枝被微柔毛；二回羽状复叶，羽片3~5对，小叶4~7对；总状花序单生于叶腋或在枝顶排成圆锥花序，花小有香味，白色或黄色；荚果狭长圆形，盘旋，开裂后果瓣旋卷。花期4~7月，果期7~10月。

用途　药材，园景树，用材。

原产地　产云南、贵州、广西、广东、福建和台湾。

礐石分布　风景区管理局、东湖、财政培训中心周围、西湖。

天香藤 *Albizia corniculata*(Lour.)Druce.

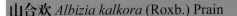

豆科 Fabaceae　　合欢属

别名　藤山丝、刺藤

特征简介　攀缘灌木或藤本；幼枝稍被柔毛，
在叶柄下常有1枚下弯的粗短刺；二回羽状复
叶，羽片2~6，总叶柄近基部有压扁的腺体1枚，
小叶中脉居中；头状花序有花6~12朵，再排
成顶生或腋生的圆锥花序，花冠白色；荚果带
状扁平。花期4~7月，果期8~11月。

用途　药材。

原产地　原产于广东、广西、福建。

磐石分布　防火景观台。

山合欢 *Albizia kalkora* (Roxb.) Prain

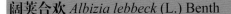

豆科 Fabaceae　　合欢属

别名　马缨花、白夜合、山槐、滇合欢

特征简介　小乔木或灌木；枝条暗褐色，被短
柔毛，有显著皮孔；二回羽状复叶，羽片2~4对，
小叶先端圆钝而有细尖头，基部不等侧；头状
花序腋生或于圆锥花序顶生，花初白色，后变
黄色，具明显的小花梗；荚果带状深棕色。花
期5~6月，果期8~10月。

用途　防护林，园景树。

原产地　产于华北、西北、华东、华南至西南
部各地。

磐石分布　金山中学、财政培训中心周围。

阔荚合欢 *Albizia lebbeck* (L.) Benth

豆科 Fabaceae　　合欢属

别名　大叶合欢

特征简介　乔木；嫩枝密被短柔毛，老枝无毛；
二回羽状复叶，总叶柄近基部及叶轴上羽片着
生处均有腺体，羽片2~4对，小叶中脉略偏于
上缘；头状花序，花芳香，花冠黄绿色；荚果
带状扁平，光亮无毛。花期5~9月，果期10月
至翌年5月。

用途　遮阴树，行道树，园景树，用材，药材。

原产地　原产于热带非洲。

磐石分布　金山中学、梦之谷、龙泉洞、第三
人民医院。

链荚豆 *Alysicarpus vaginalis* (L.) DC.

豆科 Fabaceae　　链荚豆属

别名　水咸草、小豆、假花生
特征简介　多年生草本，茎平卧或上部直立，无毛或稍被短柔毛。叶全缘，侧脉 4~5 条，稍清晰。总状花序腋生或顶生，成对排列于节上；花梗长 3~4mm；花冠紫蓝色，略伸出于萼外，旗瓣宽，倒卵形；荚果扁圆柱形，被短柔毛，有不明显皱纹。花期 9 月，果期 9~11 月。
用途　绿肥植物，亦可作饲料，全草入药。
原产地　产福建、广东、海南、广西、云南及台湾等地。
礐石分布　东湖、塔山、西湖。

亮叶猴耳环 *Archidendron lucidum* (Benth.) Nielsen

豆科 Fabaceae　　猴耳环属

别名　雷公凿、亮叶围诞树、亮叶围涎树、围涎树
特征简介　乔木；小枝无刺，嫩枝、叶柄和花序均被褐色短茸毛；羽片 1~2 对，总叶柄近基部、每对羽片下和小叶片下的叶轴上均有圆形而凹陷的腺体，顶生小叶对生且最大，余互生且较小；头状花序球形，花瓣白色，中部以下合生；荚果旋卷成环状。花期 4~6 月，果期 7~12 月。
用途　用材，药材。
原产地　产于浙江、台湾、福建、广东、广西、云南、四川等地。
礐石分布　塔山、梦之谷、龙泉洞。

红花羊蹄甲 *Bauhinia blakeana* Dunn.

豆科 Fabaceae　　羊蹄甲属

特征简介　乔木，分枝多，小枝细长被毛；叶革质，基部心形，先端 2 裂约为叶全长的 1/4~1/3，基出脉 11~13 条；总状花序顶生或腋生，花大美丽，萼佛焰状有淡红色和绿色线条，花瓣红紫色倒披针形，近轴的 1 片中间至基部呈深紫红色；通常不结果。花期全年，3~4 月为盛花期。
用途　药材，行道树，园景树。
原产地　原产亚热带地区。
礐石分布　风景区管理局、东湖、塔山、西湖、广场、绿岛、寻梦台、桃花涧路、焰峰车道。

华南云实 *Caesalpinia crista* L.

豆科 Fabaceae 云实属

别名 假老虎簕

特征简介 木质藤本；树皮黑色，有少数倒钩刺；回羽状复叶长 20~30cm，叶轴上有黑色倒钩刺，羽片对生；总状花序复排列成顶生、疏松的大型圆锥花序，花芳香，花瓣不相等，其中 4 片黄色，上面 1 片具红色斑纹，向瓣柄渐狭，内面中部有毛；荚果斜阔卵形，革质，具网脉。花期 4~7 月，果期 7~12 月。

用途 垂直绿化，药材。

原产地 产云南、贵州、四川、湖北、湖南、广西、广东、福建和台湾。

碧石分布 梦之谷、龙泉洞。

红绒球 *Calliandra haematocephala* Hassk.

豆科 Fabaceae 朱缨花属

别名 红合欢、朱缨花、美蕊花、美洲合欢

特征简介 灌木或小乔木；枝条扩展，小枝圆柱形，褐色粗糙；二回羽状复叶，羽片 1 对，中上部的小叶较大；头状花序腋生，花萼钟状，花冠淡紫红色，花丝深红色；荚果线状倒披针形，成熟时由顶至基部沿缝线开裂。花期 8~9 月，果期 10~11 月。

用途 庭院树，园景树，绿篱，药材。

原产地 原产南美。

碧石分布 梦之谷、龙泉洞、寻梦台、西入口、桃花涧路、焰峰车道。

腊肠树 *Cassia fistula* L.

豆科 Fabaceae 腊肠树属

别名 猪肠豆、阿勃勒、波斯皂荚、牛角树、阿里勃勒、大解树

特征简介 小乔木或中等乔木；枝细长；叶长 30~40cm，有小叶 3~4 对，在叶轴和叶柄上无翅亦无腺体，叶脉明显；总状花序长达 30cm 或更长，花瓣黄色，倒卵形近等大，具明显的脉；荚果圆柱形，黑褐色。花期 6~8 月，果期 10 月。

用途 行道树，园景树，庭院树，用材，药材。

原产地 原产印度、缅甸和斯里兰卡。

碧石分布 风景区管理局、塔山。

铺地蝙蝠草 *Christia obcordate* (Poir.) Bahn. F.

豆科 Fabaceae　　蝙蝠草属

别名　罗藟草
特征简介　多年生平卧草本，茎与枝极纤细，被灰色短柔毛。叶通常为三出复叶，侧脉每边3~5条。总状花序多为顶生，花冠蓝紫色或玫瑰红色。荚果有荚节4~5个，完全藏于萼内，荚节圆形，直径约2.5mm，无毛。花期5~8月，果期9~10月。
用途　药用植物。
原产地　产福建、广东、海南、广西及台湾南部。
礐石分布　梦之谷、龙泉洞、财政培训中心。

藤黄檀 *Dalbergia hancei* Benth.

豆科 Fabaceae　　黄檀属

别名　檀树、梣果藤、藤檀、藤香、红香藤、大香藤
特征简介　藤本。枝纤细。羽状复叶，早落。总状花序远较复叶短，幼时包藏于舟状、覆瓦状排列、早落的苞片内，数个总状花序常再集成腋生短圆锥花序，花冠绿白色，芳香。荚果扁平，长圆形或带状，无毛。花期4~5月。
用途　纤维供编织，根、茎入药。
原产地　产安徽、浙江、江西、福建、广东、海南、广西、四川、贵州。
礐石分布　梦之谷、龙泉洞、桃花涧路、焰峰车道。

降香黄檀 *Dalbergia odorifera* T. Chen

豆科 Fabaceae　　黄檀属

别名　降香、花梨木、花梨母、降香檀
特征简介　乔木；树皮褐色或淡褐色，有纵裂槽纹，小枝有小而密集皮孔；羽状复叶，小叶近革质，复叶顶端的1枚小叶最大，往下渐小；圆锥花序腋生，分枝呈伞房花序状，花冠乳白色或淡黄色，各瓣近等长，旗瓣倒心形，翼瓣长圆形，龙骨瓣半月形；荚果舌状长圆形，基部略被毛。花期4~6月，果期7~12月。
用途　行道树，园景树，用材，药材。
原产地　海南。华南地区栽培。
礐石分布　风景区管理局。

凤凰木 *Delonix regia* (Boj.) Raf.

豆科 Fabaceae 凤凰木属

别名 火凤凰、金凤花、红楹、火树、红花楹、凤凰花

特征简介 落叶乔木；分枝多而开展，小枝常被短柔毛并有明显的皮孔；叶为二回偶数羽状复叶，羽片对生，小叶 25 对密集对生，中脉明显；伞房状总状花序顶生或腋生，花大而美丽，鲜红色至橙红色，具黄及白色花斑，开花后向花萼反卷；荚果带形，稍弯曲。花期 6~7 月，果期 8~10 月。

用途 行道树，园景树，观赏树。

原产地 原产马达加斯加。

碧石分布 东湖、梦之谷、龙泉洞、财政培训中心周围、衔远亭、文苑。

大叶拿身草 *Sohmaea laxiflora* (DC.)H. Ohashi et K. Ohashi

豆科 Fabaceae 拿身草属

别名 山豆根、疏花山蚂蝗

特征简介 直立或平卧灌木或亚灌木。茎单一或分枝，具不明显的棱，被贴伏毛和小钩状毛。叶为羽状三出复叶，侧脉每边 7~12 条，直达叶缘；总状花序腋生或顶生，花萼漏斗形，花冠紫堇色或白色，荚果线形。花期 8~10 月，果期 10~11 月。

用途 药用，可散寒止痛、温化寒湿。

原产地 产江西、湖北、湖南、广东、广西、四川、贵州、云南、台湾等地。

碧石分布 财政培训中心周围、西湖。

三点金 *Grona triflora* (L.) H. Ohashi et K. Ohashi

豆科 Fabaceae 假地豆属

特征简介 多年生草本，茎纤细，多分枝，根茎木质。叶为羽状三出复叶，叶脉每边 4~5 条，不达叶缘；花梗结果时延长达 13mm。花冠紫红色，与萼近相等，荚果扁平，狭长圆形，略呈镰刀状。花果期 6~10 月。

用途 药用植物。

原产地 产浙江(龙泉)、福建、江西、广东、海南、广西、云南、台湾等地。

碧石分布 梦之谷、龙泉洞。

刺桐 *Erythrina variegata* L.

豆科 Fabaceae　　　刺桐属

别名　海桐

特征简介　大乔木，高可达 20m。树皮灰褐色，枝有明显叶痕及短圆锥形的黑色直刺，髓部疏松，颓废部分成空腔。羽状复叶具 3 小叶，常密集枝端；托叶披针形，早落；总状花序顶生，总花梗木质，粗壮，具短茸毛；花萼佛焰苞状，花冠红色，种子肾形，暗红色。花期 3 月，果期 8 月。

用途　药用，可祛风湿、舒筋通络。

原产地　产台湾、福建、广东、广西等地。

礐石分布　塔山。

银合欢 *Leucaena leucocephala* (Lam.) de Wit

豆科 Fabaceae　　　银合欢属

别名　白合欢

特征简介　灌木或小乔木；幼枝被短柔毛，老枝无毛，具褐色皮孔，无刺；羽状复叶，羽片 4~8 对，在最下一对羽片着生处有黑色腺体 1 枚；头状花序腋生，花白色，花瓣狭倒披针形；荚果带状顶端凸尖，基部有柄纵裂。花期 4~7 月，果期 8~10 月。

用途　造林，饲用树种，药材，园景树，用材。

原产地　台湾、福建、广东、广西和云南。

礐石分布　风景区管理局、东湖、塔山、梦之谷、龙泉洞、第三人民医院、西湖、衔远亭、文苑、广场、绿岛、寻梦台、防火景观台、桃花涧路、焰峰车道。

仪花 *Lysidice rhodostegia* Hance

豆科 Fabaceae　　　仪花属

别名　单刀根

特征简介　灌木或小乔木；小叶 3~5 对，纸质，先端尾状渐尖，基部圆钝，侧脉纤细，近平行，两面明显；圆锥花序长 20~40cm，被短疏柔毛，苞片、小苞片粉红色，花瓣紫红色；荚果倒卵状长圆形，基部 2 缝线不等长。花期 6~8 月，果期 9~11 月。

用途　行道树，观赏树，药材。

原产地　产广东高要、茂名、五华等地以及广西龙州和云南。

礐石分布　金山中学。

山鸡血藤 *Callerya dielsiana* (Harms) P. K. Loc ex Z. Wei et Pedl.

豆科 Fabaceae　　崖豆藤属

别名　灰毛崖豆藤、鸡血藤、香花鸡血藤、香花崖豆藤

特征简介　木质藤本，小枝被毛或近秃净。小叶，革质，具短柄，卵形、矩圆形至披针形。圆锥花序顶生，密被褐黄色茸毛。苞片小，卵形，花具短柄，粉红色，萼钟形，密被锈色茸毛，下面裂齿卵状披针形，其他的卵形；花冠长 12~15mm；旗密被锈色茸毛。荚果下矩圆形，近木质，密被锈色茸毛。花期 8 月。

用途　药用，可活血舒筋。

原产地　华南、中南、西南各地及江西、浙江、台湾。

磐石分布　塔山、梦之谷、龙泉洞、防火景观台。

含羞草 *Mimosa pudica* L.

豆科 Fabaceae　　含羞草属

别名　怕羞草、害羞草、怕丑草、呼喝草、知羞草

特征简介　亚灌木状草本；茎圆柱状，具分枝，有散生、下弯的钩刺及倒生刺毛；羽片通常 2 对，指状排列于总叶柄之顶端，羽片和小叶触之即闭合而下垂。头状花序圆球形，花小，淡红色，多数。荚果长圆形扁平，稍弯曲，荚缘波状具刺毛。花期 3~10 月，果期 5~11 月。

用途　全株入药，观赏植物。

原产地　产台湾、福建、广东、广西、云南等地。

磐石分布　东湖、财政培训中心、西湖、桃花涧路、焰峰车道。

小槐花 *Ohwia caudata* (Thunb.) H. Ohashi

豆科 Fabaceae　　小槐花属

别名　山扁豆、粘人麻、黏草子、粘身柴咽、拿身草

特征简介　直立灌木或亚灌木；树皮灰褐色，分枝多；叶为羽状三出复叶，小叶 3，中脉上毛较密，侧脉每边 10~12 条，不达叶缘；总状花序顶生或腋生，花冠绿白或黄白色，具明显脉纹，旗瓣椭圆形，翼瓣狭长圆形，龙骨瓣长圆形；荚果线形，扁平，被伸展的钩状毛。花期 7~9 月，果期 9~11 月。

用途　药材。

原产地　长江以南各地，西至喜马拉雅山，东至台湾。

磐石分布　风景区管理局、塔山。

野葛 *Pueraria montana* var. *lobata* (Willd.) Maesen et Alm.

豆科 Fabaceae　　　葛属

别名　葛、葛藤
特征简介　多年生草质藤本，块根肥厚圆柱状，三出复叶，互生，顶生叶片菱状卵圆形，总状花序，腋生，蝶形花冠，紫红色。荚果长条形，扁平，密被黄褐色硬毛。花期 7~8 月，果期 8~10 月。
用途　观赏和药用。
原产地　产中国、朝鲜、日本。
礐石分布　梦之谷、龙泉洞。

无忧花 *Saraca dives* Pierre

豆科 Fabaceae　　　无忧花属

别名　中国无忧花、中国无忧树、袈裟树、无忧树、火焰花
特征简介　乔木；叶有小叶 5~6 对，嫩叶略带紫红色，小叶近革质，基部 1 对常较小；花序腋生，总苞大，花黄色，后部分（萼裂片基部及花盘、雄蕊、花柱）变红色；荚果棕褐色，扁平。花期 4~5 月，果期 7~10 月。
用途　行道树、观赏树，用材，药用。
原产地　产云南东南部至广西西南部、南部和东南部。
礐石分布　金山中学、风景区管理局。

翅荚决明 *Senna alata* (L.)Roxb.

豆科 Fabaceae　　　决明属

别名　翅果决明、有翅决明、翅荚槐
特征简介　直立灌木；枝粗壮，绿色；叶长 30~60cm，在靠腹面的叶柄和叶轴上有 2 条纵棱条，有狭翅，小叶下面叶脉明显凸起；花序顶生和腋生，花瓣黄色，有明显的紫色脉纹；荚果长带状，每果瓣的中央顶部有直贯至基部的翅，翅纸质。花期 11 月至翌年 1 月，果期 12 至翌年 2 月。
用途　药材，丛植、花境、路篱。
原产地　原产美洲热带地区，现广布于全世界热带地区。
礐石分布　风景区管理局。

金边黄槐 *Senna bicapsularis* (L.) Roxb

豆科 Fabaceae **决明属**

别名 双荚决明、双荚黄槐、腊肠仔树

特征简介 直立灌木；多分枝，无毛；偶数羽状复叶，侧脉纤细，在近边缘处呈网结，在最下方的一对小叶间有黑褐色线形而钝头的腺体1枚；总状花序生于枝条顶端的叶腋间，常集成伞房花序，花鲜黄色；荚果圆柱状膜质。花期10~11月，果期11月至翌年3月。

用途 绿篱，垂直绿化。

原产地 栽培于华南热带季雨林及雨林区。

磐石分布 风景区管理局、东湖。

铁刀木 *Senna siamea* (Lam.) H. S. Irwin et Barn

豆科 Fabaceae **决明属**

别名 孟买蔷薇木、孟买黑檀、泰国山扁豆、黑心树

特征简介 乔木；嫩枝有棱条，疏被短柔毛；叶长20~30cm，小叶对生，上面光滑无毛，下面粉白色；总状花序生于枝条顶端的叶腋，并排成伞房花序状，花瓣黄色，阔倒卵形，荚果扁平，被柔毛。花期10~11月，果期12月至翌年1月。

用途 行道树，观赏树，用材。

原产地 华南地区栽培。印度、泰国、斯里兰卡、马来西亚、缅甸。

磐石分布 金山中学。

田菁 *Sesbania cannabina* (Retz.) Poir.

豆科 Fabaceae **田菁属**

别名 向天蜈蚣

特征简介 草本；茎绿色，微被白粉，有不明显淡绿色线纹；羽状复叶，叶轴长15~25cm，上面具沟槽，小叶对生或近对生，两面被紫色小腺点；总状花序疏松，花冠黄色，旗瓣椭圆形至近圆形，外面散生大小不等的紫黑点和线，翼瓣倒卵状长圆形，龙骨瓣三角状阔卵形；荚果细长，长圆柱形，外面具黑褐色斑纹。花果期7~12月。

用途 饲料，药材。

原产地 原产海南、江苏、浙江、江西、福建、广西、云南。

磐石分布 风景区管理局、东湖、财政培训中心周围、西湖。

紫藤 *Wisteria sinensis* (Sims) DC.

豆科 Fabaceae　　　紫藤属

别名　紫藤萝、白花紫藤
特征简介　落叶藤本；茎左旋，枝较粗壮；奇数羽状复叶长 15~25cm，上部小叶较大，基部 1 对最小；总状花序，花冠紫色，上方 2 齿甚钝，下方 3 齿卵状三角形，旗瓣圆形，翼瓣长圆形，龙骨瓣较翼瓣短阔镰形；荚果倒披针形，密被茸毛。花期 4 月中旬至 5 月上旬，果期 5~8 月。
用途　垂直绿化，构架绿化，盆景素材，药材。
原产地　原产河北以南黄河长江流域及陕西、河南、广西、贵州、云南。
礐石分布　风景区管理局、塔山、桃花涧路、焰峰车道。

桃 *Prunus persica* L.

蔷薇科 Rosaceae　　　桃属

别名　桃子、粘核油桃、粘核桃、离核油桃、离核桃、陶古日、油桃、盘桃、日本丽桃、粘核光桃、粘核毛桃、离核光桃
特征简介　乔木或灌木；叶片戟形，叶面深绿色至墨绿色，叶脉及叶缘黄色或为桃红色斑纹，乃至全叶金黄色，色彩多变，绚烂无比。
用途　观赏，药材。
原产地　主要分布大洋洲、亚洲的热带、亚热带地区。
礐石分布　桃花涧路、焰峰车道。

碧桃 *Prunus persica* L. 'Duplex'

蔷薇科 Rosaceae　　　李属

特征简介　乔木；芽 2~3 个簇生，叶芽居中，两侧花芽。叶披针形，先端渐尖，基部宽楔形，具锯齿。花单生，花瓣长圆状椭圆形或宽倒卵形，粉红色，稀白色；核果卵圆形，成熟时向阳面具红晕。花期 3~4 月，果期 7~9 月。
用途　食用，文化植物，药材。
原产地　原产我国，各地广泛栽培。
礐石分布　西湖。

福建山樱花 *Prunus campanulata* (Maxim.) Yu et Li

蔷薇科 Rosaceae　　　李属

别名　绯樱、山樱花、钟花樱桃、寒绯樱、绯寒樱

特征简介　乔木或灌木；嫩枝无毛；叶卵形或倒卵状椭圆形，先端渐尖基部圆，上面无毛下面淡绿色，侧脉 8~12 对；花瓣倒卵状长圆形，粉红色无毛；核果卵圆形，顶端尖微具棱纹。花期 2~3 月，果期 4~5 月。

用途　行道树，绿篱，园景树，盆景，药材。

原产地　产于浙江、福建、台湾、广东、广西。

礐石分布　塔山。

枇杷 *Eriobotrya japonica* (Thunb.) Lindl.

蔷薇科 Rosaceae　　　枇杷属

别名　卢桔、卢橘、金丸

特征简介　小乔木；小枝粗壮黄褐色，密生锈色或灰棕色茸毛；叶片革质上部边缘有疏锯齿，上面光亮多皱，下面密生灰棕色茸毛；圆锥花序顶生，花瓣白色长圆形或卵形；基部具爪；果实球形或长圆形，黄色或橘黄色。花期 10~12 月，果期 5~6 月。

用途　观赏树，果树，药材。

原产地　黄河流域及长江流域、华南、西南各地。

礐石分布　金山中学、塔山、梦之谷、龙泉洞、第三人民医院、寻梦台、西入口。

石斑木 *Rhaphiolepis indica* (L.) Lindl.

蔷薇科 Rosaceae　　　石斑木属

别名　车轮梅、春花

特征简介　多灌木稀小乔木；幼枝初被褐色茸毛后渐脱落近于无毛；叶集生于枝顶，边缘具细钝锯齿，上面光亮，网脉不显明或显明下陷，下面色淡，网脉明显凸起；顶生圆锥花序或总状花序，花瓣白色或淡红色；果实球形紫黑色。花期 4 月，果期 7~8 月。

用途　园景树，用材。

原产地　安徽、浙江、江西、湖南、贵州、云南、福建、广东、广西、台湾。

礐石分布　风景区管理局、塔山、梦之谷、龙泉洞、寻梦台、桃花涧路、焰峰车道。

月季 *Rosa chinensis* Jacq.

蔷薇科 Rosaceae   蔷薇属

别名　月月花、月月红、玫瑰、月季花
特征简介　灌木或藤本；是蔷薇属部分植物的
通称，茎刺较大且一般有钩；叶互生，奇数羽
状复叶，小叶为5~9片，叶缘有齿；花常是
6~7朵簇生，为圆锥状伞房花序，有白色、黄
色等多种颜色；果实为圆球体。
用途　花境，盆栽，药材。
原产地　长江流域和黄河流域各地。
礐石分布　东湖。

小果蔷薇 *Rosa cymosa* Tratt.

蔷薇科 Rosaceae   蔷薇属

别名　小金樱花、山木香、红荆藤、倒钩筋
特征简介　攀缘灌木；小枝圆柱形，无毛或稍有
柔毛，有钩状皮刺；小叶先端渐尖，基部近圆形，
边缘有紧贴或尖锐细锯齿，中脉突起；花多朵成复
伞房花序，花瓣白色倒卵形，先端凹基部楔形；果
球形，红色至黑褐色。花期5~6月，果期7~11月。
用途　绿篱，盆景，药材。
原产地　产江西、江苏、浙江、安徽、湖南、四川、
云南、贵州、福建、广东、广西、台湾等地。
礐石分布　梦之谷、龙泉洞。

雀梅藤 *Sageretia thea* (Osbeck) Johnst.

鼠李科 Rhamnaceae   雀梅藤属

别名　酸色子、酸铜子、酸味、对角刺、碎米子、
对节刺、刺冻绿
特征简介　藤状或直立灌木；小枝具刺，互生或
近对生，褐色，被短柔毛。叶纸质，通常椭圆形、
矩圆形或卵状椭圆形，稀卵形或近圆形，花无梗，
黄色，有芳香，核果近圆球形，直径约5mm，成
熟时黑色或紫黑色，具1~3分核，味酸；种子扁平，
二端微凹。花期7~11月，果期翌年3~5月。
用途　叶可代茶，也可供药用。
原产地　安徽、江苏、浙江、江西、福建、台湾、
广东、广西、湖南、湖北、四川、云南。
礐石分布　梦之谷、龙泉洞。

朴树 *Celtis sinensis* Pers.

榆科 Ulmaceae　　　朴属

别名　黄果朴、紫荆朴、小叶朴

特征简介　落叶乔木。叶多为卵形或卵状椭圆形，但不带菱形，基部几乎不偏斜或仅稍偏斜，先端尖至渐尖，但不为尾状渐尖。果较小，一般直径 5~7mm，很少达 8mm。花期 3~4 月，果期 9~10 月。

原产地　产山东、河南、江苏、安徽、浙江、福建、江西、湖南、湖北、四川、贵州、广西、广东、台湾。

磐石分布　风景区管理局、塔山。

榔榆 *Ulmus parvifolia* Jacq.

榆科 Ulmaceae　　　榆属

别名　小叶榆、秋榆、掉皮榆、豺皮榆、挠皮榆、构树榆、红鸡油

特征简介　落叶乔木；树干基部有时成板状根，树皮灰色或灰褐色，裂成不规则鳞状薄片剥落，露出红褐色内皮；叶面深绿色，侧脉每边 10~15 条。花秋季开放，3~6 数在叶腋簇生或排成簇状聚伞花序，花被上部杯状，下部管状，翅果椭圆形或卵状椭圆形。花果期 8~10 月。

用途　可供家具、车辆、造船、器具、农具、油榨、船橹等用材。

原产地　黄河流域和长江流域各地，华南及西南地区。

磐石分布　风景区管理局、塔山、财政培训中心。

山油麻 *Trema cannabina* var. *dielsiana* (Hand.-Mzt) C J. Chen

大麻科 Cannabaceae　　　山黄麻属

特征简介　灌木或小乔木，高 1~5m。当年枝赤褐色，密生茸毛。小枝被灰绿色短柔毛。叶狭矩圆形或条状披针形。聚伞花序有 2 至数朵花，淡红色或紫红色。蒴果卵状矩圆形。花期 4~5 月，果期 8~9 月。

用途　茎皮纤维可做混纺原料，根可药用。

原产地　湖南、江西、广东、广西、云南、福建和台湾。

磐石分布　第三人民医院。

山黄麻 *Trema tomentosa* (Roxb.)Hara

大麻科 Cannabaceae　　山黄麻属

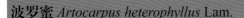

特征简介　小乔木或灌木，高可达 10m，树皮灰褐色，叶片纸质或薄革质，宽卵形或卵状矩圆形，花具短梗，在果时增长，子房无毛；小苞片卵形，种子阔卵珠状，压扁，花期 3~6 月，果期 9~11 月，在热带地区，几乎四季开花。
用途　入药可止血。
原产地　福建南部、台湾、广东、海南、广西、四川西南部、贵州、云南和西藏东南部至南部。
礐石分布　西湖。

波罗蜜 *Artocarpus heterophyllus* Lam.

桑科 Moraceae　　桂木属

特征简介　常绿乔木，树皮较粗糙，为棕灰色。叶互生，长椭圆形或倒卵形，革质。复合果卵状椭圆形，外皮绿色有棱角，常生于树干，果色金黄，中有果核，味香甜，果肉被乳白色的软皮包裹着。种子浅褐色，卵形或长卵形。果期为 6~12 月。
用途　食用，作行道树。
原产地　福建、台湾、广东等。东南亚热带森林及河岸边。
礐石分布　金山中学、桃花涧路、焰峰车道。

白桂木 *Artocarpus hypargyreus* Hance

桑科 Moraceae　　桂木属

别名　将军树、胭脂木、银杯胭脂
特征简介　常绿乔木，有乳汁，高达 10~20m；幼枝和叶柄有锈色柔毛。叶革质，全缘或具波状齿，托叶早落。花为单性，雌雄同株，与盾形苞片混生于花序托上。雄花序长 1.2~1.6cm；花被片 2~3，雄蕊 1；雌花序较小，花被管状。聚花果为球形。花期 4~5 月，果期 7~8 月。
用途　园林绿化，入药，用材。
原产地　福建、江西、湖南、广东、海南、广西、云南东南部。
礐石分布　梦之谷、龙泉洞。

高山榕 *Ficus altissima* Blume

桑科 Moraceae　　榕属

别名　高榕、万年青、大青树、大叶榕、鸡榕
特征简介　大乔木；树皮灰色，平滑；幼枝绿色，被微柔毛。花小，着生于封闭囊状的肉质花序轴内壁上，形成聚花果。榕果成对腋生，椭圆状卵圆形。成熟时红色或带黄色。
用途　作园景树和遮阴树。
原产地　产海南、广西、云南、四川。华南地区广泛栽培。
砻石分布　西湖。

垂叶榕 *Ficus benjamina* L.

桑科 Moraceae　　榕属

别名　小叶垂榕、斑叶垂榕、垂枝榕、垂榕、雷州榕
特征简介　乔木，树冠广阔；树皮灰色，平滑；小枝下垂。叶薄革质，全缘，一级侧脉与二级侧脉难于区分。榕果成对或单生叶腋，基部缢缩成柄。花朵成熟时红色至黄色，雄花、瘿花、雌花同生于榕果内；瘦果卵状肾形，短于花柱，花柱近侧生，柱头膨大。花期8~11月。
用途　用作行道树。
原产地　广东、广西、海南、云南、贵州。
砻石分布　东湖、金山中学、第三人民医院、广场、绿岛。

枕果榕 *Ficus drupacea* Thunb.

桑科 Moraceae　　榕属

特征简介　乔木，气生根少。树皮灰白色；嫩枝密被黄褐色短丛卷毛。叶革质，长椭圆形至倒卵椭圆形，先端骤尖，基部圆形或浅心形，两侧微耳状，全缘或微波状，表面绿色，无毛或疏生短柔毛，背面被黄褐色短丛卷毛，后脱落，托叶披针形；榕果成对腋生，长椭圆状枕形，成熟时橙红色至鲜红色，疏生白斑，顶部微呈脐状突起，雄花、瘿花、雌花同生于榕果内。
用途　绿化树种。
原产地　中国。尼泊尔、缅甸、老挝、越南、孟加拉国、印度、斯里兰卡。
砻石分布　东湖。

印度榕 *Ficus elastica* Roxb. ex Horn.

桑科 Moraceae　　榕属

别名　印度橡胶树、橡皮榕、印度胶树、橡皮树、印度橡皮树、橡胶榕

特征简介　乔木；树皮灰白色，平滑。小枝粗壮。叶厚革质，长圆形至椭圆形，全缘，表面深绿色，光亮，背面浅绿色，侧脉多，不明显，平行展出；榕果成对生于已落叶枝的叶腋，卵状长椭圆形，黄绿色，基生苞片风帽状，脱落后基部有一环状痕迹；雄花、瘿花、雌花同生于榕果内壁。瘦果卵圆形，表面有小瘤体，花柱长，宿存，柱头膨大，近头状。花期冬季。

用途　观赏，经济用材。

原产地　中国云南。不丹、尼泊尔、印度、缅甸、马来西亚、印度尼西亚。

礐石分布　礐石海旁路

金钱榕 *Ficus microcarpa* L.f.'Crassifolia'

桑科 Moraceae　　榕属

特征简介　常绿小灌木，株高 50~80cm，多分枝。叶广倒卵形，广圆头，长 1.5~5cm，革质；叶面浓绿色，叶背淡黄色；叶缘有暗色腺体。隐头花序球形至洋梨状，单生，成熟后黄色或略带红。

用途　观赏。

原产地　原产印度和马来西亚。华南地区栽培。

礐石分布　金山中学。

水同木 *Ficus fistulosa* Rein. ex Bl.

桑科 Moraceae　　榕属

特征简介　常绿小乔木，树皮黑褐色，枝粗糙，叶互生，纸质，倒卵形至长圆形；基生侧脉短，侧脉 6~9 对；叶柄长 1.5~4cm；托叶卵状披针形，长约 1.7cm。榕果簇生于老干发出的瘤状枝上，近球形，直径 1.5~2cm，光滑，成熟橘红色，不开裂，总梗长 8~24mm，雄花和瘿花生于同一榕果内壁。瘦果近斜方形，表面有小瘤体，花柱长，棒状。花期 5~7 月。

用途　造景观赏。

原产地　中国。印度东北部、孟加拉国、缅甸、泰国、越南、马来西亚西部、印度尼西亚、菲律宾、加里曼丹岛。

礐石分布　梦之谷、龙泉洞。

大琴叶榕 *Ficus lyrata* Warb.

桑科 Moraceae   榕属

别名　琴叶橡皮树

特征简介　常绿乔木，高可达12m，茎干直立，分枝少，树干呈非常暗的褐色、灰色和黑色，叶互生，纸质，很硬，呈提琴状，呈有光泽的浅绿或深绿色，叶缘稍呈波浪状，叶面上有明显的叶脉，特别是在下表面，叶稍脆，无花果长于枝条末端的叶腋处单个或成对结出，成熟时绿褐色。

用途　园林绿化。

原产地　原产印度、马来西亚等热带地区。

砻石分布　梦之谷、龙泉洞。

榕树 *Ficus microcarpa* L. f.

桑科 Moraceae   榕属

别名　赤榕、红榕、万年青、细叶榕

特征简介　大乔木，高达15~25m，胸径达50cm，冠幅广展；老树常有锈褐色气根。树皮深灰色。叶薄革质，狭椭圆形，表面深绿色，有光泽，全缘。榕果成对腋生或生于已落叶枝叶腋，成熟时黄或微红色，扁球形，基生苞片3，广卵形，宿存；雄花、雌花、瘿花同生于一榕果内，花间有少许短刚毛；花被片3，广卵形，花柱近侧生，柱头短，棒形。瘦果卵圆形。花期5~6月。

用途　药用，观赏。

原产地　中国、斯里兰卡、印度等。

砻石分布　第三人民医院、金山中学、西入口。

黄金榕 *Ficus microcarpa* L.'Golden Leaves'

桑科 Moraceae   榕属

别名　金叶榕

特征简介　属常绿小乔木，树干多分枝。单叶互生，叶形为椭圆形或倒卵形革质，全缘，叶表光滑，有光泽，叶缘整齐，嫩叶呈金黄色，老叶则为深绿色。花单性，球形的隐头花序，其中有雄花及雌花聚生，雌雄同株；果实球形，熟时为红色，扁球形。

用途　行道树，园景树，绿篱树或修剪造型。

原产地　广东、广西、海南、云南等。

砻石分布　金山中学、梦之谷、龙泉洞、第三人民医院、广场、绿岛、桃花涧路、焰峰车道。

菩提树 *Ficus religiosa* L.

桑科 Moraceae 榕属

别名 思维树、菩提榕、觉树、沙罗双树、阿摩洛珈、阿里多罗、印度菩提树、黄桷树、毕钵罗树
特征简介 大乔木，幼时附生于其他树上，高达15~25m，叶革质，三角状卵形，长尾尖，基生叶脉3出，侧脉5~7对；叶柄纤细，榕果球形至扁球形，花柱纤细，柱头狭窄。花期3~4月，果期5~6月。
用途 绿化树种、经济树种。
原产地 广东及沿海岛屿、广西。日本、马来西亚、泰国、越南、不丹、尼泊尔、巴基斯坦及印度等。
礐石分布 财政培训中心周围。

笔管榕 *Ficus subpisocarpa* Gagn.

桑科 Moraceae 榕属

别名 雀榕
特征简介 落叶乔木，有时有气根；树皮黑褐色，小枝淡红色；叶互生或簇生，近纸质，无毛，椭圆形至长圆形；叶柄长约3~7cm，近无毛；托叶膜质，微被柔毛，披针形；榕果单生或成对或簇生于叶腋或生于无叶枝上，扁球形，成熟时紫黑色；雄花、瘿花、雌花生于同一榕果内；花期4~6月。
用途 可供雕刻，道路绿化、沿海防护林营建。
原产地 分布于中国、缅甸、泰国。
礐石分布 塔山、梦之谷、龙泉洞、财政培训中心、西入口。

青果榕 *Ficus variegata* Bl.

桑科 Moraceae 榕属

特征简介 常绿乔木，高5~7m，有乳汁。小枝无毛。叶近革质，长8~20cm，宽7~12cm，全缘或波状，有时有疏锯齿，基5出脉。叶柄粗壮，长2~7cm。花序托簇生于树干，具梗，球形，直径约2cm；基生苞片3；雄瘿花同生于一花序托，雄蕊2；雌花另生一花序托，花柱长，侧生，柱头棒状。花果期春季至秋季。
用途 作行道树或庭园观赏树。
原产地 产广东及沿海岛屿、海南、广西、云南南部。
礐石分布 风景区管理局、塔山、梦之谷、龙泉洞、财政培训中心、第三人民医院、防火景观台、桃花涧路、焰峰车道、金山中学。

黄葛榕 *Ficus virens* Ait.

桑科 Moraceae　　榕属

特征简介　落叶或半落叶乔木；叶薄革质或厚纸质，先端短尖，基部钝圆或浅心形，全缘；侧脉 7~10 对，在下面突起，网脉稍明显；叶柄长 2~5cm，托叶披针状；雄花、瘿花、雌花生于同一榕果内；榕果单生或成对腋生，或簇生于落叶枝叶腋，球形，熟时紫红色，宿存。花期 5 ~ 8 月，果期 8 ~ 11 月。

用途　行道树。

原产地　陕西、湖北、贵州、广西、四川、云南等地；华南地区广泛栽培。

碧石分布　风景区管理局、塔山、西湖。

桑 *Morus alba* L.

桑科 Moraceae　　桑属

别名　桑树、家桑、蚕桑

特征简介　落叶乔木或灌木。树体富含乳浆，树皮黄褐色。叶卵形至广卵形，叶端尖，叶基圆形或浅心脏形，边缘有粗锯齿，有时有不规则的分裂，上面无毛，有光泽，下面脉上有疏毛。雌雄异株，5 月开花，柔荑花序。果熟期 6~7 月，聚花果卵圆形或圆柱形，黑紫色或白色。

用途　叶为桑蚕饲料，木材可制器具，桑皮可作造纸原料，桑椹可供食用、酿酒。

原产地　原产中国中部和北部。

碧石分布　财政培训中心、风景区管理局、塔山。

小叶冷水花 *Pilea microphylla* (L.) Lieb.

荨麻科 Urticaceae　　冷水花属

别名　透明草

特征简介　纤细小草本，无毛，铺散。茎肉质，多分枝，干时常变蓝绿色，密布条形钟乳体。叶很小，同对的不等大，干时呈细蜂巢状，钟乳体条形，横向排列整齐，叶脉羽状；叶柄纤细；托叶三角形。雌雄同株，有时同序，聚伞花序密集成近头状，具梗。雄花具梗；花被片卵形；雌花更小；花被片稍不等长；瘦果卵形，熟时变褐色，光滑。花期夏秋季，果期秋季。

用途　药用可清热解毒。

原产地　南美洲热带地区。

碧石分布　风景区管理局、塔山、梦之谷、龙泉洞、财政培训中心。

花叶冷水花 *Pilea cadierei* Gagnep. et Guill

荨麻科 Urticaceae　　冷水花属

别名　冰水花
特征简介　多年生草本,具匍匐茎。茎肉质,纤细,中部稍膨大,叶柄纤细,常无毛,稀有短柔毛;托叶大,带绿色。花雌雄异株,花被片绿黄色,花药白色或带粉红色,花丝与药隔红色。瘦果小,圆卵形,熟时绿褐色。花期6~9月,果期9~11月。
用途　观叶,药用。
原产地　广西、广东、陕西、河南,长江流域中、下游。越南、日本。
礐石分布　教堂旁。

多枝雾水葛 *Pouzolzia zeylanica* (L.) Benn. var. *microphylla* (Wedd.) W. T. Wang

荨麻科 Urticaceae　　雾水葛属

特征简介　多年生草本或亚灌木,常铺地,多分枝,末回小枝常多数,互生,长2~10cm,生有很小的叶子(长约5mm);茎下部叶对生,上部叶互生,分枝的叶通常全部互生或下部的对生,叶形变化较大,卵形、狭卵形至披针形。
用途　药用可解毒消炎。
原产地　云南、广西、广东、江西南部、福建、台湾。
礐石分布　财政培训中心。

石栎 *Lithocarpus glaber* (Thunb.) Nakai

壳斗科 Fagaceae　　柯属

别名　柯、青刚栎
特征简介　乔木,叶革质或厚纸质,中脉在上面微凸起,侧脉每边很少多于10条,有较厚的蜡鳞层。雄穗状花序多排成圆锥花序或单穗腋生,雌花序常着生少数雄花。果序轴通常被短柔毛;壳斗碟状或浅碗状,通常上宽下窄的倒三角形,坚果椭圆形,有淡薄的白色粉霜,暗栗褐色。花期7~11月,果翌年同期成熟。
用途　木材可作家具、农具。
原产地　华南、西南地区。
礐石分布　风景区管理局、塔山、梦之谷、龙泉洞。

杨梅 *Morella rubra* Lour.

杨梅科 Myricaceae　杨梅属

特征简介 常绿乔木，树皮灰色，老时纵向浅裂；树冠圆球形。花雌雄异株。雄花序单独或数条丛生于叶腋，圆柱状，花药椭圆形，暗红色，无毛。雌花序常单生于叶腋，较雄花序短而细瘦，有鲜红色的细长柱头。核果球状，外表面具乳头状凸起，外果皮肉质，多汁液及树脂，味酸甜，成熟时深红色或紫红色；内果皮极硬，木质。花期4月，果期6~7月。

用途 作水果食用，染料。

原产地 江苏、浙江、台湾、福建、江西、湖南、贵州、四川、云南、广西和广东。

礐石分布 梦之谷、龙泉洞、寻梦台、防火景观台。

木麻黄 *Casuarina equisetifolia* L.

木麻黄科 Casuarinaceae　木麻黄属

别名 木贼麻黄、山麻黄

特征简介 乔木，大树根部无萌蘖；树干通直，树冠狭长圆锥形；树皮在幼树上的赭红色，老树的树皮粗糙，深褐色，不规则纵裂，内皮深红色；枝红褐色，有密集的节；最末次分出的小枝灰绿色，纤细，常柔软下垂，具7~8条沟槽及棱，花雌雄同株或异株；雄花序几无总花梗，棒状圆柱形，被白色柔毛的苞片。花期4~5月，果期7~10月。

用途 建筑用材，药用。

原产地 广西、广东、福建、台湾沿海地区。

礐石分布 东湖、财政培训中心、西湖、野猪林、防火景观台、桃花涧路、焰峰车道。

青江藤 *Celastrus hindsii* Benth

卫矛科 Celastraceae　南蛇藤属

特征简介 常绿藤本；小枝紫色，皮孔较稀少。叶纸质或革质，干后常灰绿色，长方窄椭圆形、或卵窄椭圆形至椭圆倒披针形，先端渐尖或急尖，基部楔形或圆形，边缘具疏锯齿。

用途 绿化，树皮可制优质纤维。

原产地 江西、湖北、湖南、贵州、四川、台湾、福建、广东、海南、广西、云南、西藏东部。

礐石分布 塔山、梦之谷、龙泉洞、防火景观台、寻梦台。

疏花卫矛 *Euonymus laxiflorus* Champ. ex Benth.

卫矛科 Celastraceae　　卫矛属

别名　喙果卫矛

特征简介　灌木，高达 4m。叶纸质或近革质，卵状椭圆形、长方椭圆形或窄椭圆形，全缘或具不明显的锯齿，侧脉多不明显。聚伞花序分枝疏松，花紫色，花瓣长圆形。蒴果紫红色，倒圆锥状。种子长圆状，种皮枣红色。花期 3~6 月，果期 7~11 月。

用途　观赏。

原产地　产于台湾、福建、江西、湖南、香港、广东及沿海岛屿、广西、贵州、云南。

礐石分布　塔山。

小叶红叶藤 *Rourea microphylla* (Hook. et Arn.) Planch

牛栓藤科 Connaraceae　　　红叶藤属

别名　铁藤、牛见愁、荔枝藤、红叶藤

特征简介　攀缘灌木，多分枝，枝褐色。小叶全缘，两面均无毛，上面光亮，下面稍带粉绿色。圆锥花序，丛生于叶腋内；花芳香，花瓣白色、淡黄色或淡红色，无毛；蓇葖果椭圆形或斜卵形，成熟时红色，有纵条纹沿腹缝线开裂，基部有宿存萼片。种子椭圆形，橙黄色。花期 3~9 月，果期 5 月至翌年 3 月。

用途　园景树。

原产地　福建、广东、广西、云南等地；越南、斯里兰卡、印度、印度尼西亚。

礐石分布　梦之谷、龙泉洞。

阳桃 *Averrhoa carambola* L.

酢浆草科 Oxalidaceae　　　阳桃属

别名　洋桃、五稔、五棱果、五敛子、杨桃

特征简介　树皮光滑，褐灰色；羽状复叶，有小叶 5~13 片，小叶椭圆形，不对称；花梗及花蕾暗红色；萼片合生成浅杯状，花瓣初时深红色，盛开时粉红色或近白色，略向背卷；浆果通常五棱，淡绿色或蜡黄色，近半透明。花期 5~8 月，果期 9~12 月。

用途　景观绿化，果树。

原产地　广东、广西、福建、台湾、浙江、江西、湖南、贵州和云南。

礐石分布　金山中学。

酢浆草 *Oxalis corniculata* L.

酢浆草科 Oxalidaceae　　酢浆草属

别名　酸三叶、酸醋酱、鸠酸、酸味草
特征简介　匍匐或平卧小草，有时多分枝，各部被疏长毛。叶互生，有小叶3片，小叶片倒心形；花单朵或成对，或3数朵呈伞形花序状，自叶腋抽出；花瓣黄色，倒卵形，比萼片稍长。花果期几乎全年。
用途　可作草药，清热利湿，凉血解毒。
原产地　全世界热带至温带地区。我国大多数省区有分布。
磐石分布　金山中学、梦之谷、龙泉洞。

长芒杜英 *Elaeocarpus apiculatus* Mast.

杜英科 Elaeocarpaceae　　杜英属

别名　尖叶杜英、毛果杜英
特征简介　乔木；小枝粗壮圆柱形，具明显叶痕及花序梗痕，被锈褐色短茸毛；叶革质或薄革质，聚生于枝顶，倒卵状披针形、提琴形、倒卵形至倒卵状椭圆形；叶柄顶端膝曲状，上面平坦，下面圆形；总状花序着生于脱落叶及生长叶的腋部，密集，花大；核果椭球形外果皮被茸毛，内果皮表面具明显的瘤状突起，核扁，具两条明显的边。花期3月，果期5~8月。
用途　景观绿化。
原产地　云南、广东和海南。
磐石分布　金山中学。

杜英 *Elaeocarpus decipiens* Hemsl.

杜英科 Elaeocarpaceae　　杜英属

特征简介　常绿乔木；幼枝有微毛，旋脱落，干后黑褐色；叶革质，披针形或倒披针形，先端渐尖，两面无毛，侧脉7~9对，边缘有小钝齿；总状花序生于叶腋及无叶老枝上，花序轴细，有微毛；花白色；萼片披针形；花瓣倒卵形，与萼片等长，上半部撕裂，裂片14~16；核果椭圆形，外果皮无毛，内果皮骨质，有多数沟纹，1室；花期6~7月。
用途　景观绿化。
原产地　广东、广西、福建、台湾、浙江、江西、湖南、贵州和云南。
磐石分布　金山中学。

柔毛堇菜 *Viola fargesii* H. Boiss

堇菜科 Violaceae　　　堇菜属

别名　雪山堇菜、岩生堇菜、尖叶柔毛堇菜
特征简介　叶近基生；叶卵形或宽卵形，基部
宽心形，浅钝齿；花淡紫色；花梗疏生细毛；
小苞片对生，线形，萼片披针形；上方花瓣与
侧方花瓣近等长，倒卵状楔形，下方花瓣较短；
蒴果卵圆状。
用途　药用。
原产地　云南、广东和海南。
礐石分布　金山中学。

红花天料木 *Homalium ceylanicum* (Gardn.) Benth

杨柳科 Salicaceae　　　天料木属

别名　红花母生、高根、山红罗、母生、光叶天料木、
斯里兰卡天料木、老挝天料木
特征简介　乔木，高达 30m；叶革质，无毛，长圆形至
椭圆状长圆形，顶端短渐尖而钝；总状花序腋生，花
瓣阔匙形，新鲜时外面淡粉红色，里面白色，花盘腺
体近陀螺形，子房被毛；花期 6 月至翌年 2 月。
用途　造船，车辆，家具用材。
原产地　广东南部、海南。
礐石分布　风景园林管理局、金山中学、梦之谷、龙
泉洞、财政培训中心、三院、防火景观台、桃花涧路、
焰峰车道。

天料木 *Homalium cochinchinense* (Lour.) Druce

杨柳科 Salicaceae　　　天料木属

别名　台湾天料木
特征简介　大灌木或小乔木，树皮灰褐色，小枝初时
被黄褐色短茸毛。叶纸质，阔椭圆形；总状花序腋生，
花瓣匙形，花丝长于花瓣，花盘腺体近四方形，被毛。
花期全年。
用途　行道树，园景树，用材。
原产地　广东、湖南、广西、福建和台湾。越南北部。
礐石分布　塔山、梦之谷、龙泉洞。

红桑 *Acalypha wilkesiana* Müll. Arg.

大戟科 Euphorbiaceae 铁苋菜属

别名 绿桑

特征简介 灌木；嫩枝被短毛；叶纸质，阔卵形，浅红色，常有不规则的红色或紫色斑块，边缘具粗圆锯齿，基出脉 3~5 条，托叶狭三角形；雌雄同株，通常雌雄花异序；蒴果具 3 个分果爿，疏生具基的长毛。花期几乎全年。

用途 庭园树，用材。

原产地 太平洋岛屿、斐济。热带亚热带地区广泛栽培。

碧石分布 梦之谷、龙泉洞。

石栗 *Aleurites moluccanus* (L.) Willd.

大戟科 Euphorbiaceae 石栗属

别名 烛果树、黑桐油树、铁桐、油果、检果、油桃、海胡桃、南洋石栗、烛栗、香胶木

特征简介 乔木；嫩枝密被灰褐色星状微柔毛，成长枝近无毛；叶纸质，嫩叶两面被星状微柔毛，基出脉 3~5 条；花雌雄同株，花瓣长圆形，乳白色至乳黄色；核果近球形或稍偏斜的圆球状。花期 4~10 月，果期 10~12 月。

用途 药用，食材。

原产地 福建、台湾、广东、海南、广西、云南等地。

碧石分布 西湖、桃花涧路、焰峰车道。

蝴蝶果 *Cleidiocarpon cavaleriei* (Levl.) Airy shaw.

大戟科 Euphorbiaceae　　　蝴蝶果属

特征简介　乔木；幼嫩枝、叶疏生微星状毛，后变无毛。叶纸质，椭圆形，长圆状椭圆形或披针形，顶端渐尖；叶柄顶端枕状，基部具叶枕；托叶钻状，有时基部外侧有 1 个腺体。圆锥状花序，各部均密生灰黄色微星状毛；苞片披针形，小苞片钻状；果呈偏斜的卵球形或双球形，具微毛，种子近球形，种皮骨质。花果期 5~11 月。

用途　种子煮熟并除去胚后可食用，木材适做家具等，广东、海南等地栽培作行道树或庭园绿化树。

原产地　贵州、广西、云南。

礐石分布　金山中学、西湖。

洒金榕 *Codiaeum variegtum* (L.) A. Juss.

大戟科 Euphorbiaceae　　　变叶木属

别名　变色月桂、变叶木

特征简介　灌木或小乔木；枝条无毛，有明显叶痕；叶薄革质，形状大小多样，两面无毛，具金色斑点；总状花序腋生，雄花白色，雌花淡黄色；蒴果近球形，稍扁，无毛。花期 9~10 月，果期 11~12 月。

用途　盆栽，园景灌木，绿篱，插花，药材。

原产地　中国南部各地常见栽培。原产于亚洲马来半岛至大洋洲。

礐石分布　梦之谷、龙泉洞、第三人民医院、桃花涧路、焰峰车道。

龟甲变叶木 *Codiaeum variegatum* Likkian 'Staffinger'

大戟科 Euphorbiaceae 变叶木属

特征简介 灌木或小乔木；叶互生，全缘或稀分裂，具叶柄；总状花序，花小，雄花簇生于苞腋内，雌花单生于花序轴上；蒴果种子具种阜。

用途 公园造景，盆栽摆设，插花，水培观赏。

原产地 亚洲东南部至大洋洲北部。

罄石分布 财政培训中心、苗圃。

戟叶变叶木 *Codiaeum variegatum* 'Lobatum'

大戟科 Euphorbiaceae 变叶木属

特征简介 乔木或灌木；叶片戟形，叶面深绿色至墨绿色，叶脉及叶缘黄色或为桃红色斑纹，乃至全叶金黄色，色彩多变，绚烂无比。

用途 观赏，药材。

原产地 大洋洲、亚洲的热带、亚热带地区。

罄石分布 桃花涧路、焰峰车道。

火殃勒 *Euphorbia antiquorum* L.

大戟科 Euphorbiaceae 大戟属

别名 金刚纂、火殃筋

特征简介 灌木状小乔木；茎常三棱状，上部多分枝；叶互生于齿尖，少而稀疏，常生于嫩枝顶部；叶脉不明显，肉质；花序单生于叶腋，总苞阔钟状，边缘5裂，裂片半圆形，边缘具小齿；蒴果三棱状扁球形，成熟时分裂为3个分果爿。花果期全年。

用途 绿篱，全株入药。

原产地 原产印度。

罄石分布 财政培训中心周围。

飞扬草 *Euphorbia hirta* L.

大戟科 Euphorbiaceae   大戟属

别名　飞相草、乳籽草、大飞扬

特征简介　草本；茎自中部向上分枝或不分枝；叶对生，先端极尖或钝，基部略偏斜，叶面绿色，叶背灰绿色，两面均具柔毛，叶背面脉上的毛较密；总苞钟状，花序多数，于叶腋处密集成头状；蒴果三棱状，被短柔毛，成熟时分裂为3个分果片。花果期6~12月。

用途　全草入药。

原产地　产于江西、湖南、福建、台湾、广东、广西、海南、四川、贵州和云南。

礐石分布　梦之谷、龙泉洞、财政培训中心、风景区管理局、东湖。

铁海棠 *Euphorbia milii* Ch. des Moul.

大戟科 Euphorbiaceae   大戟属

别名　虎刺梅、虎刺、麒麟刺

特征简介　蔓生灌木；茎多分枝，具纵棱，密生硬而尖的锥状刺；叶互生，通常集中于嫩枝上，具小尖头；花序2、4或8个组成二歧状复花序，生于枝上部叶腋，苞叶2枚，上面鲜红色下面淡红色，总苞钟状黄红色；蒴果三棱状卵形，平滑无毛。花果期全年。

用途　全株入药，盆栽，刺篱。

原产地　原产非洲马达加斯加；现全球各地广泛栽培。

礐石分布　教堂旁。

一品红 *Euphorbia pulcherrima* Willd. et Kl.

大戟科 Euphorbiaceae   大戟属

别名　圣诞花、老来娇、猩猩木

特征简介　灌木，极多分枝；叶互生，通常全缘，朱红色；花序数个聚伞排列于枝顶，总苞淡绿色边缘齿状5裂，裂片三角形，无毛；蒴果平滑无毛，三棱状圆形。花果期10月至翌年4月。

用途　盆栽，园景树，药材，切花。

原产地　中国绝大部分地区均有栽培。原产中美洲。

礐石分布　塔山。

千根草 *Euphorbia thymifolia* L.

大戟科 Euphorbiaceae　　大戟属

别名　小飞扬、细叶小锦草

特征简介　草本；茎纤细，常呈匍匐状，自基部极多分枝；叶对生，基部偏斜不对称，呈圆形或近心形，边缘有细锯齿；花序单生或数个簇生于叶腋，总苞钟状至陀螺状；蒴果卵状三棱形，被贴伏的短柔毛。花果期 6~11 月。

用途　全株入药。

原产地　湖南、江苏、浙江、台湾、江西、福建、广东、广西、海南和云南。

磐石分布　风景区管理局、塔山、梦之谷、龙泉洞、西湖。

红背桂 *Excoecaria cochinchinensis* Lour.

大戟科 Euphorbiaceae　　海漆属

特征简介　常绿灌木；枝无毛，具多数皮孔；叶对生，稀兼有互生或近 3 片轮生；托叶卵形，顶端尖；花单性，雌雄异株，聚集成腋生或稀兼有顶生的总状花序；蒴果球形；种子近球形。

用途　多用作园林绿化。

原产地　台湾、广东、广西、云南等地普遍栽培。亚洲东南部各国有分布。

磐石分布　风景区管理局、财政培训中心、广场、绿岛、寻梦台、桃花涧路、焰峰车道。

琴叶珊瑚 *Jatropha integerrima* Jacq.

大戟科 Euphorbiaceae　　麻风树属

别名　变叶珊瑚花、南洋樱花、日日樱、南洋樱、琴叶樱

特征简介　植物体具乳汁，有毒；单叶互生，倒阔披针形，叶基有 2~3 对锐刺，先端渐尖，叶面为浓绿色，叶背为紫绿色，叶柄具茸毛，叶面平滑；花单性，雌雄同株，花冠红色或粉红色。

用途　适合园林绿化，还可以盆栽观赏。

原产地　广东、福建等华南地区有栽培应用。原产于西印度群岛。

磐石分布　风景区管理局、塔山、梦之谷、龙泉洞、财政培训中心、桃花涧路、焰峰车道。

石岩枫 *Mallotus repandus* (Willd.) Muell. Arg.

大戟科 Euphorbiaceae　　野桐属

特征简介　灌木或乔木；嫩枝被毛，老枝无毛有皮孔；叶互生，顶端急尖或渐尖，基出脉 3 条，有时稍离基；花雌雄异株，总状花序或下部有分枝，顶生；蒴果密生黄色粉末状毛和具颗粒状腺体。花期 3~5 月，果期 8~9 月。

用途　药材，用材。

原产地　广西、广东南部、海南和台湾。

礐石分布　梦之谷、龙泉洞。

蓖麻 *Ricinus communis* L.

大戟科 Euphorbiaceae　　蓖麻属

特征简介　一年生粗壮草本或草质灌木；叶互生，近圆形，裂片卵状披针形或长圆形，具锯齿；叶柄粗，中空，盾状着生；花雌雄同株，无花瓣，无花盘；总状或圆锥花序顶生；种子椭圆形，光滑，具淡褐色或灰白色斑纹，胚乳肉质；种阜大。

用途　蓖麻油在工业上用途广，在医药上作缓泻剂。

原产地　现广布于全世界热带地区。非洲东北部。

礐石分布　风景区管理局、东湖。

山乌桕 *Triadica cochinchinensis* Lour.

大戟科 Euphorbiaceae　　乌桕属

别名　红心乌桕

特征简介　乔木或灌木；小枝灰褐色，有皮孔。叶互生，纸质，嫩时呈淡红色，背面近缘常有数个圆形的腺体，中脉在两面均凸起，于背面尤著；顶生总状花序，花单性，雌雄同株；蒴果黑色球形，分果爿脱落后而中轴宿存。花期 4~6 月，果期 7~10 月。

用途　园景树，药材。

原产地　广布于云南、四川、贵州、湖南、广西、广东、江西、安徽、福建、浙江、台湾等地。

礐石分布　衔远亭、文苑、寻梦台、防火景观台。

乌桕 *Triadica sebifera* (L.) Small

大戟科 Euphorbiaceae　　乌桕属

别名　木子树、柏子树、腊子树、米柏、糠柏、多果乌桕、桂林乌桕

特征简介　乔木，各部均无毛；枝带灰褐色，具细纵棱，有皮孔。叶互生，纸质，叶片阔卵形，全缘；叶柄顶端具 2 腺体；托叶三角形；花单性，雌雄同株；花萼杯状，具不整齐的小齿；蒴果近球形，成熟时黑色。

用途　木材用途广，叶为黑色染料，根皮治毒蛇咬伤，种子油适于涂料。

原产地　广东、广西、贵州、四川、湖北、云南等。

碧石分布　东湖、塔山、财政培训中心、财政培训中心周围、第三人民医院、衔远亭、文苑、寻梦台、防火景观台。

千年桐 *Vernicia montana* Lour.

大戟科 Euphorbiaceae　　油桐属

别名　木油桐、油桐、广东油桐、皱桐、龟背桐

特征简介　落叶乔木；枝条无毛，散生突起皮孔；叶阔卵形，顶端短尖至渐尖，基部心形至截平；花序生于当年生已发叶的枝条，雌雄异株或有时同株异序，花瓣白色或基部紫红色且有紫红色脉纹；核果卵球状，具 3 条纵棱，棱间有粗疏网状皱纹。花期 4~5 月，果期 8~9 月。

用途　园景树，行道树，药材，用材。

原产地　华南、西南和长江流域各地。

碧石分布　梦之谷、龙泉洞。

五月茶 *Antidesma bunius* (L.) Spreng

叶下珠科 Phyllanthaceae　　五月茶属

别名　五味子

特征简介　乔木；除叶背中脉、叶柄、花萼两面和退化雌蕊被短柔毛或柔毛外；叶纸质，长椭圆形、倒卵形或长倒卵形，上面深绿色，常有光泽，叶背绿色；托叶线形，早落；核果近球形或椭圆形，熟时红色。

用途　果供食用及制果酱。叶供药用，治小儿头疮；根叶可治跌打损伤。叶深绿，红果累累，为美丽的观赏树。

原产地　产于江西、福建、湖南、广东、海南、广西、贵州、云南和西藏等地。

碧石分布　金山中学。

秋枫 *Bischofia javanica* Blume

叶下珠科 Phyllanthaceae　　秋枫属

特征简介　常绿或半常绿大乔木；三出复叶，稀 5 小叶；小叶纸质，顶端急尖或渐尖，基部宽楔形至钝，边缘有浅锯齿；圆锥花序腋生，下垂；雄花萼片膜质，半圆形；果浆果状，球形或近球形。

用途　木材红褐色，果肉可酿酒，种子供食用、作润滑油，树皮可提取红色染料，根作药用。

原产地　全国东部大部分地区。

礐石分布　风景区管理局、东湖、塔山、第三人民医院、西湖、桃花涧路、焰峰车道。

重阳木 *Bischofia polycarpa* (Levl.) Airy Shaw

叶下珠科 Phyllanthaceae　　秋枫属

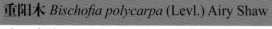

特征简介　落叶乔木；三出复叶；小叶纸质，卵形或椭圆状卵形，先端突尖或短渐尖，基部圆或浅心形；托叶小，早落；花雌雄异株，春季与叶同放，总状花序，下垂；果浆果状，球形，熟时褐红色。

用途　边材适作建筑、造船、家具等用材，果肉可酿酒，种子可供食用。

原产地　秦岭、淮河流域，福建和广东。

礐石分布　风景区管理局、东湖、塔山、财政培训中心、第三人民医院、西湖、野猪林、桃花涧路、焰峰车道。

黑面神 *Breynia fruticosa* (L.) Hook. f.

叶下珠科 Phyllanthaceae　　黑面神属

特征简介　灌木；枝条上部常呈扁压状，紫红色；叶片革质，两端钝或急尖，上面深绿色，下面粉绿色，干后变黑色；花小，单生或叶腋簇生，雌花常位于小枝上部，雄花则常位于小枝的下部；蒴果圆球状。花期 4~9 月，果期 5~12 月。

用途　药材。

原产地　浙江、福建、广东、海南、广西、四川、贵州、云南等地。

礐石分布　塔山。

土蜜树 *Bridelia tomentosa* Bl.

叶下珠科 Phyllanthaceae　　土蜜树属

别名　猪牙木、夹骨木、逼迫子、逼迫仔
特征简介　灌木或小乔木；幼枝、叶下面、叶柄、
托叶和雌花萼片外面被柔毛；叶纸质、长圆形、
长椭圆形或倒卵状长圆形，托叶线状披针形；
花簇生叶腋；萼片三角形；花瓣倒卵形或匙形；
核果近球形，种子褐红色。
用途　全株药用，树皮可提取栲胶。
原产地　福建、台湾、广东、海南、广西和云南。
碧石分布　风景区管理局、东湖、塔山、梦之谷、
龙泉洞、财政培训中心、第三人民医院、野猪
林、寻梦台、防火景观台、西入口、桃花涧路、
焰峰车道。

毛果算盘子 *Glochidion eriocarpum* Champ. ex Benth

叶下珠科 Phyllanthaceae　　算盘子属

别名　漆大姑、漆大伯
特征简介　灌木；小枝密被淡黄色的长柔毛；
叶片纸质，顶端渐尖或急尖，基部钝、截形或
圆形，两面均被长柔毛，侧脉每边4~5条；花
单生或簇生于叶腋内，雌花生于小枝上部，雄
花则生于下部；蒴果扁球状，具4~5条纵沟，
密被长柔毛。花果期几乎全年。
用途　全株入药。
原产地　江苏、福建、台湾、湖南、广东、海南、
广西、贵州和云南等地。
碧石分布　梦之谷、龙泉洞。

余甘子 *Phyllanthus emblica* L.

叶下珠科 Phyllanthaceae   叶下珠属

别名 油甘、牛甘果、滇橄榄

特征简介 乔木，树皮浅褐色；枝条具纵细条纹，被黄褐色短柔毛。叶片纸质至革质，二列，线状长圆形；托叶三角形，褐红色，边缘有睫毛。聚伞花序，萼片6；蒴果呈核果状，圆球形，外果皮肉质，绿白色或淡黄白色，内果皮硬壳质；种子略带红色。花期4~6月，果期7~9月。

用途 果实供食用，树根和叶供药用，种子供制肥皂，树皮、叶、幼果可提制栲胶。木材供农具和家具用材。

原产地 江西、福建、台湾、广东、海南、广西、四川、贵州和云南等地。

礐石分布 金山中学、梦之谷、龙泉洞、财政培训中心。

纤梗叶下珠 *Phyllanthus tenellus* Benth

叶下珠科 Phyllanthaceae   叶下珠属

特征简介 一年生草本，全株无毛。主茎单一，圆柱形，向上有不明显的棱，小枝纤细，叶膜质，几无柄，叶片椭圆形，顶端急尖，基部宽楔形至圆形，上面深绿色，下面灰绿色；托叶披针形；种子黄色，三棱形，背面和侧面都具规则排列的长方形至圆形的突起。

用途 药用。

原产地 原产马斯克林群岛，现广泛分布于世界热带和亚热带。

礐石分布 风景区管理局、财政培训中心、梦之谷。

叶下珠 *Phyllanthus urinaria* L.

叶下珠科 Phyllanthaceae　　叶下珠属

特征简介　一年生草本；基部多分枝；叶纸质，长圆形或倒卵形，下面灰绿色，近边缘有短粗毛；叶柄极短，托叶卵状披针形；花雌雄同株；萼片倒卵形；花丝合生成柱；花盘腺体分离；蒴果球形，红色，具小凸刺，花柱和萼片宿存。
用途　全草药用。
原产地　河北、山西、陕西、华东、华中、华南、西南等地。
砻石分布　金山中学、西湖。

黄珠子草 *Phyllanthus virgatus* Forst. f.

叶下珠科 Phyllanthaceae　　叶下珠属

特征简介　一年生草本；枝条常自基部发出，全株无毛；叶近革质，线状披针形、长圆形或窄椭圆形，先端有小尖头，基部圆，稍偏斜；几无叶柄，托叶膜质，卵状角形；蒴果扁球形，紫红色，有鳞片状凸起；具宿萼。
用途　全株入药，清热利湿，治小儿疳积等。
原产地　河北、山西、陕西、华东、华中、华南和西南等地。
砻石分布　风景区管理局。

使君子 *Combretum indicum* (L.) Jon.

使君子科 Combretaceae　　使君子属

别名　四君子、史君子、留求子、西蜀使君子、毛使君子
特征简介　与原变种不同处为叶片卵形、两面被茸毛；攀缘状灌木；小枝被棕黄色柔毛；叶对生或近对生，卵形或椭圆形，先端短渐尖，基部钝圆，上面无毛，下面有时疏被棕色柔毛；花瓣先端钝圆，初白色，后淡红色；果卵圆形，具短尖，无毛；种子圆柱状纺锤形，白色。
用途　种子为中药中最有效的驱蛔药之一，对小儿寄生蛔虫症疗效尤著。
原产地　四川、贵州至南岭以南各地；华南地区广泛栽培。
砻石分布　风景区管理局、塔山。

阿江榄仁 *Terminalia arjuna* (Roxb. ex DC.) Wight et Arn.

使君子科 Combretaceae　　榄仁树属

特征简介　落叶大乔木；叶片长卵形，互生，冬季落叶前，叶色不变红；花小，黄白色，无花瓣；核果果皮坚硬，近球形，熟时青黑色。
用途　树姿挺拔优美，适宜作行道树。
原产地　原产于印度及东南亚地区；福建、广东、广西等地栽培。
礐石分布　东湖。

大叶榄仁 *Terminalia catappa* L.

使君子科 Combretaceae　　榄仁树属

别名　山枇杷树、榄仁树、榄仁舅、小叶榄仁
特征简介　大乔木；叶互生，常密集枝顶，倒卵形，先端钝圆或短尖，中下部渐窄，基部平截或窄心形；叶柄粗，被毛；穗状花序纤细，腋生，雄花生于上部，两性花生于下部；花多数，绿或白色；无花瓣；萼筒杯状；果椭圆形，常稍扁，棱上具翅状窄边，两端稍渐尖；种子长圆形，含油质。
用途　木材可为舟船、家具等用材；树皮含单宁，能生产黑色染料；种子油可食，也供药用。
原产地　广东、海南、台湾、云南。
礐石分布　东湖、塔山、西湖。

小叶榄仁 *Terminalia neotaliala* Cap.

使君子科 Combretaceae　　榄仁树属

别名　细叶榄仁、非洲榄仁、雨伞树
特征简介　常绿乔木；高达 15 m；主干通直，侧枝轮生，自然分层向四周开展，树冠呈伞形；叶倒卵状披针形，轮生，全缘，侧脉 4~6 对；花小而不显著，穗状花序。
用途　以列植为道路分车绿带和孤植或丛植为公园观赏树的形式最为常见；由于其枝干柔软，抗强风并耐盐，也是优良的海岸绿化树种。
原产地　原产非洲；现华南各地有栽培。
礐石分布　东湖、塔山、西湖、广场、绿岛。

萼距花 *Cuphea hookeriana* Walp.

千屈菜科 Lythraceae　　　萼距花属

特征简介　灌木或亚灌木状，直立；叶薄革质，披针形，顶端长渐尖，基部圆形至阔楔形，花单生于叶柄之间或近腋生，组成少花的总状花序；花梗纤细；花萼基部上方具短距，带红色；花瓣 6，其中上方 2 枚特大而显著，矩圆形，深紫色，波状，具爪，其余 4 枚极小，锥形，花丝被茸毛；子房矩圆形。

用途　观赏植物。

原产地　墨西哥。我国华南地区园林绿化常见种植。

碚石分布　财政培训中心、三院。

毛萼紫薇 *Lagerstroemia balansae* Koeh.

千屈菜科 Lythraceae　　　紫薇属

别名　大紫薇、皱叶紫薇

特征简介　灌木至小乔木，有时可成大乔木，高达 25m，胸径达 50cm；树皮浅黄色，间有绿褐色块状斑纹，光滑；幼枝密被黄褐色星状茸毛，老枝无毛，灰黑色。叶对生，生于枝上部的互生，厚纸质或薄革质，矩圆状披针形，圆锥花序顶生，花瓣 6，淡紫红色，圆形或倒卵形，蒴果卵形。花期 6~7 月，果期 10~11 月。

用途　制作上等家具，园林观赏。

原产地　广东、云南、海南。

碚石分布　金山中学。

紫薇 *Lagerstroemia indica* L.

千屈菜科 Lythraceae　　　紫薇属

别名　千日红、无皮树、百日红、蚊子花、紫兰花、紫金花、痒痒树、痒痒花

特征简介　小乔木，树皮平滑，枝干多扭曲，小枝纤细，具 4 棱。叶互生或有时对生，纸质，椭圆形。花淡红色或紫色、白色，常组成顶生圆锥花序；花瓣 6，皱缩，具长爪；蒴果椭圆状球形幼时绿色至黄色，成熟时或干燥时呈紫黑色，室背开裂；种子有翅，长约 8mm。花期 6~9 月，果期 9~12 月。

用途　庭园观赏树，木材坚硬、耐腐，全株可入药。

原产地　华南及西南地区；现广植于全球各地；我国多地有生长或栽培。

碚石分布　风景园林管理局、塔山、西湖、西入口。

大花紫薇 *Lagerstroemia speciosa* (L.) Pers.

千屈菜科 Lythraceae　　紫薇属

别名　百日红、大叶紫薇

特征简介　大乔木；树皮灰色，平滑；小柱圆柱形，无毛。叶革质，矩圆状椭圆形，甚大；花淡红色或紫色，顶生圆锥花序；蒴果球形，褐灰色，6裂。花期5~7月，果期10~11月。

用途　行道树，园景树。

原产地　广东、广西及福建有栽培。斯里兰卡、印度、马来西亚、越南及菲律宾。

礐石分布　风景园林管理局、塔山、西湖、西入口。

千屈菜 *Lythrum salicaria* L.

千屈菜科 Lythraceae　　千屈菜属

别名　水柳、中型千屈菜、光千屈菜

特征简介　多年生草本，根茎横卧于地下，粗壮；茎直立，多分枝，高30~100cm，全株青绿色，略被粗毛或密被茸毛，枝通常具4棱。叶对生或三叶轮生，披针形或阔披针形，全缘，无柄。花组成小聚伞花序，簇生，因花梗及总梗极短，因此花枝全形似一大型穗状花序；苞片阔披针形至三角状卵形，花瓣红紫色或淡紫色。蒴果扁圆形。花期7~8月。

用途　园林观赏，盆栽，药用。

原产地　亚洲、欧洲、非洲的阿尔及利亚、北美和澳大利亚东南部。

礐石分布　海滨广场。

石榴 *Punica granatum* L.

千屈菜科 Lythraceae　　石榴属

别名　若榴木、山力叶、安石榴、花石榴

特征描述　落叶小乔木。叶通常对生，纸质，矩圆状披针形，顶端短尖，基部短尖至稍钝形，上面光亮；花大，1~5朵生枝顶；花瓣通常大，红色、黄色或白色，顶端圆形；花丝无毛；浆果近球形，通常为淡黄褐色或淡黄绿色，有时白色，稀暗紫色。种子多数，肉质的外种皮供食用。

用途　果树，庭园观赏植物，果皮入药，根皮可驱虫。

原产地　我国南北方都有栽培。巴尔干半岛至伊朗及其邻近地区，全世界的温带和热带都有种植。

礐石分布　财政培训中心、桃花涧路、焰峰车道。

红千层 *Callistemon rigidus* R. Br.

桃金娘科 Myrtaceae　　红千层属

别名　瓶刷木、金宝树、红瓶刷
特征简介　小乔木；树皮坚硬，灰褐色；嫩枝有棱，初时有长丝毛，不久变无毛；叶片坚革质，线形，先端尖锐；叶柄极短；穗状花序生于枝顶；萼管略被毛，萼齿半圆形，近膜质；花瓣绿色，卵形，有油腺点；种子条状。
用途　园林绿化。
原产地　原产澳大利亚；华南地区广泛栽培。
碧石分布　桃花涧路、焰峰车道。

垂枝红千层 *Callistemon viminalis* (Soland.) Cheel.

桃金娘科 Myrtaceae　　红千层属

别名　串钱柳、澳洲红千层
特征简介　常绿大灌木或小乔木；株高 2~5m；树皮灰白色，枝条柔软下垂；叶互生，纸质，披针形或窄线形，叶色灰绿色至浓绿色；穗状花序顶生，花两性，花红色；蒴果。
用途　花色鲜艳，花形优美；适作行道树、园景树。
原产地　原产澳大利亚的新南威尔士及昆士兰；现华南地区广泛栽植。
碧石分布　风景区管理局、梦之谷、龙泉洞。

柠檬桉 *Eucalyptus citriodora* Hook. f.

桃金娘科 Myrtaceae　　桉属

别名　靓仔桉
特征简介　乔木；树皮光滑，灰白色，大片状剥落，剥落后无斑痕；幼态叶披针形，过渡型叶宽披针形；圆锥花序腋生；花蕾倒卵圆形；蒴果壶形；果瓣藏于萼筒。
用途　用于造船，广东最常见，多作行道树。
原产地　原产地在澳大利亚东部及东北部无霜冻的海岸地带。
碧石分布　梦之谷、龙泉洞。

大叶桉 *Eucalyptus robusta* Smith

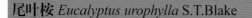

桃金娘科 Myrtaceae   桉属

别名 大叶有加利、大叶桉

特征简介 密荫大乔木；树皮宿存，深褐色；幼态叶对生，叶片厚革质，卵形，有柄；成熟叶卵状披针形；伞形花序粗大，花序梗扁；蒴果卵状壶形，上半部略收缩，蒴口稍扩大，深藏于萼管内。

用途 叶供药用，有祛风镇痛之功效。

原产地 华南地区栽培。原产澳大利亚。

礐石分布 防火景观台、桃花涧路、焰峰车道。

尾叶桉 *Eucalyptus urophylla* S.T.Blake

桃金娘科 Myrtaceae   桉属

特征简介 常绿高大乔木；叶具柄，成熟叶片顶端呈尾状，叶脉清晰，侧脉稀疏平行；边脉不明显；花序腋生；果杯状，果成熟后暗褐色；果盘内陷。

用途 优质纸浆纤维和用材树种。

原产地 在广东、广西、海南等地广泛栽培。

礐石分布 梦之谷、龙泉洞、寻梦台、西入口。

黄金串钱柳 *Melaleuca bracteata* 'Revolution Gold'

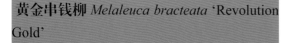

桃金娘科 Myrtaceae   白千层属

别名 黄金香柳、千层金、金叶白千层

特征描述 常绿灌木或小乔木，主干直立，小枝细柔至下垂，微红色，被柔毛；叶互生，革质，金黄色，披针形或狭长圆形，具油腺点，香气浓郁；穗状花序生于枝顶；花白色；蒴果近球形，3裂。

用途 园林绿化，枝作化妆品。

原产地 我国南方广为栽培。原产澳大利亚。

礐石分布 海滨广场绿化地。

白千层 *Melaleuca cajuputi* subsp. *cumingiana* (Turc.) Barl.

桃金娘科 Myrtaceae 白千层属

特征简介 乔木，高达 20m；树皮灰白色，厚而松软，呈薄层状剥落；幼枝灰白色；叶互生，革质，披针形或窄长圆形，两端尖，有基出脉 3~7 条及多数侧脉，有腺点；叶柄极短；花白色，无梗，密集于枝顶再排成长达 15cm 的穗状花序，花序轴被毛，花后继续生长成一有叶的新枝；蒴果顶部 3 裂，杯状或半球形，顶端平截。花期每年 3~4 次。

用途 提取茶树油，药用，饲料，园林观赏。

原产地 福建、广东、台湾。澳大利亚。

砻石分布 西湖。

番石榴 *Psidium guajava* L.

桃金娘科 Myrtaceae 番石榴属

特征简介 灌木或小乔木；树皮片状剥落；幼枝四棱形，被柔毛；叶长圆形或椭圆形，先端急尖，全缘；叶柄疏被柔毛；萼筒钟形，绿色，被灰色柔毛，萼帽近圆形，不规则开裂；花瓣白色；子房与萼筒合生；浆果球形、卵圆形或梨形，顶端有宿存萼片，种子多数。

用途 果供食用；叶含挥发油及鞣质等，供药用，有止痢、止血、健胃等功效；叶经煮沸去掉鞣质，晒干作茶叶用，味甘，有清热作用。

原产地 华南各地栽培，常见逸为野生种。原产南美洲。

砻石分布 金山中学、财政培训中心。

桃金娘 *Rhodomyrtus tomentosa* (Ait.) Hassk.

桃金娘科 Myrtaceae 桃金娘属

别名 岗稔

特征简介 灌木；幼枝密被柔毛；叶对生，椭圆形或倒卵形，先端圆或钝，常微凹；花有长梗，常单生，紫红色；花瓣倒卵形；外面被灰色茸毛；果为浆果，卵状壶形，熟时紫黑色。

用途 多用作园林观赏，根入药。

原产地 产台湾、福建、广东、广西、云南、贵州及湖南最南部。

砻石分布 梦之谷、龙泉洞、衔远亭、文苑、野猪林、寻梦台。

赤楠 *Syzygium buxifolium* Hook. et Arn.

桃金娘科 Myrtaceae　蒲桃属

别名　鱼鳞木、牛金子、黄杨叶蒲桃
特征描述　灌木或小乔木；嫩枝有棱，干后黑褐色；叶片革质，阔椭圆形至椭圆形；聚伞花序顶生，有花数朵；萼管倒圆锥形，萼齿浅波状；分离；花柱与雄蕊同等。果实球形。
用途　作园林绿化，盆景。
原产地　安徽、浙江、台湾、福建、江西、湖南、广东、广西、贵州等地。
礐石分布　海滨广场绿化地。

红鳞蒲桃 *Syzygium hancei* Merr. et Perry

桃金娘科 Myrtaceae　蒲桃属

别名　红车、韩氏蒲桃
特征简介　灌木或乔木；幼枝稍扁，干后暗褐色；叶长圆形，上面有光泽，具多数细小而下陷的腺点，侧脉密，不明显，或仅在下面明显；圆锥花序顶生和腋生；花白色，几无梗，通常3朵簇生于花序轴分枝的顶端；花蕾倒卵圆形；萼筒倒圆锥形，有棱角；花柱与花瓣明显；花瓣分离，圆形；果球形或椭圆形。
原产地　福建、广东、广西等地。
礐石分布　金山中学、桃花涧路、焰峰车道。

蒲桃 *Syzygium jambos* (L.) Alston

桃金娘科 Myrtaceae　蒲桃属

别名　广东葡桃
特征简介　乔木；主干短，多分枝；幼枝圆柱形；叶披针形或长圆形，两面有透明腺点；聚伞花序顶生，有花数朵；花蕾梨形，顶端圆；花绿白色；萼筒倒锥形，肉质，半圆形，宿存；花瓣分离，倒卵形；花柱与雄蕊等长；果球形，果皮肉质，成熟时黄色，有腺点；种子1~2枚，多胚。
用途　多用于园林观赏，也有栽培用于食用。
原产地　产台湾、福建、广东、广西、贵州、云南等地。
礐石分布　风景区管理局、塔山、财政培训中心。

洋蒲桃 *Syzygium samarangense* (Blume) Merr. et Perry

桃金娘科 Myrtaceae　　蒲桃属

别名　莲雾、爪哇、天桃、水蒲桃

特征简介　乔木；幼枝圆柱形或微扁；叶椭圆形或长椭圆形，有腺点，聚伞花序顶生或腋生；花白色，花瓣圆形；萼筒倒锥形，密生腺点，半圆形，肉质边缘膜质，宿存；雄蕊多数；果梨形或倒锥形，果皮肉质，成熟时洋红色，有光泽，顶部凹陷呈脐状。

用途　水岸园林绿化树种，果实可食用。

原产地　广东、台湾及广西有栽培。原产马来西亚及印度。

礐石分布　风景区管理局、塔山、梦之谷、龙泉洞、财政培训中心。

方枝蒲桃 *Syzygium tephrodes* (Hance) Merr. et Perry

桃金娘科 Myrtaceae　　蒲桃属

特征简介　灌木至小乔木；小枝有4棱，干后灰白色，老枝圆形，灰褐色；叶片革质，近于无柄，细小，卵状披针形；圆锥花序顶生，总梗有棱，灰白色；花白色，有香气；萼管窄倒圆锥形，灰白色，干后纵向皱褶，近圆形；果实卵圆形，灰白色，上部较狭，顶部有宿存萼齿。

原产地　广东南部、海南；华南地区栽培。

礐石分布　梦之谷、龙泉洞、财政培训中心。

野牡丹 *Melastoma malabathricum* L.

野牡丹科 Melastomataceae　　野牡丹属

别名　炸腰花、洋松子、猪姑稔、黑口莲、喳吧叶、老虎杆、老鼠丁根、山甜娘、瓮登木、乌提子、野广石榴

特征简介　灌木；茎钝四棱形或近圆柱形；叶卵形、椭圆形或椭圆状披针形，先端渐尖，基部圆或近心形，全缘，叶柄及花梗密被糙伏毛；花瓣紫红色，倒卵形，具缘毛；种子镶于肉质胎座内。

用途　果可食，全草入药。

原产地　西藏、四川、福建至台湾以南各地。

礐石分布　梦之谷、龙泉洞。

毛稔 *Melastoma sanguineum* Sims.

野牡丹科 Melastomataceae　　野牡丹属

别名　毛菍、毛稔、枝毛野牡丹

特征简介　大灌木；茎、小枝、叶柄、花梗及花萼均被平展长粗毛；叶卵状披针形或披针形，全缘，两面被糙伏毛，上面脉上疏被糙伏毛；伞房花序顶生；苞片戟形，膜质；花瓣粉红或紫红色；子房密被刚毛；幼果坛形，平截，顶端密被刺毛。

用途　果可食；根、叶可供药用，根有收敛止血、消食止痢的作用，治水泻便血、止血止痛；叶治刀伤跌打、接骨、疮疖、毛虫毒等。茎皮含鞣质。

原产地　广东、海南。

礐石分布　第三人民医院、衔远亭、文苑、野猪林、寻梦台、防火景观台、西入口。

橄榄 *Canarium album* (Lour.) Rauesch

橄榄科 Burseraceae　　橄榄属

别名　忠果、谏果、青子、红榄、白榄、山榄、青果、黄榄

特征简介　乔木或灌木，有树脂道度分泌树脂或油质。小叶全缘或具齿，托叶有或无。圆锥花序或极稀为总状或穗状花序，腋生或有时顶生；花小，花瓣3~6，与萼片互生，常分离。核果，外果皮肉质，不开裂，稀木质化且开裂，内果皮骨质，稀纸质。花期4~5月，果期10~12月。

用途　观赏，食用，药用。

原产地　福建、台湾、广东、广西、云南。日本及马来半岛有栽培。

礐石分布　金山中学、塔山、梦之谷、龙泉洞、财政培训中心、寻梦台、防火景观台、西入口、桃花涧路、焰峰车道。

人面子 *Dracontomelon duperreanum* Pierre

漆树科 Anacardiaceae　　　人面子属

别名　银莲果、人面树

特征简介　常绿大乔木；幼枝具条纹，被灰色茸毛。小叶互生，近革质，先端渐尖；圆锥花序顶生或腋生；花白色，被微柔毛；花瓣披针形或狭长圆形，无毛；花丝线形，花药长圆形；子房无毛，花柱短。核果扁球形，成熟时黄色，果核压扁，种子3~4枚。

用途　园景树，食用，药用。

原产地　国内产于云南、广西、广东、福建、台湾。印度、孟加拉国、马来西亚和中南半岛也有分布。

磐石分布　金山中学。

杧果 *Mangifera indica* L.

漆树科 Anacardiaceae　　　杧果属

别名　檬果、芒果、莽果、蜜望子、望果、抹猛果

特征简介　绿大乔木，高10~20m；树皮灰褐色，小枝褐色，无毛。叶薄革质，常集生枝顶。圆锥花序，多花密集，分枝开展；苞片披针形，被微柔毛；花小、杂性、黄色或淡黄色；花瓣开花时外卷；花盘膨大，肉质；核果大，肾形（栽培品种其形状和大小变化极大），压扁，成熟时黄色，中果皮肉质，肥厚，鲜黄色，味甜，果核坚硬。

用途　园景树，食用。

原产地　云南、广西、广东、福建、台湾。印度、孟加拉国、马来西亚和中南半岛有分布。

磐石分布　风景区管理局、塔山、梦之谷、龙泉洞、财政培训中心、第三人民医院。

盐肤木 *Rhus chinensis* Mill.

漆树科 Anacardiaceae　　　盐肤木属

别名　盐肤子、肤杨树、倍子柴、土椿树、盐树根、红叶桃、乌盐泡、乌桃叶、山梧桐、五倍子

特征简介　落叶小乔木或灌木。小枝被锈色柔毛,具圆形小皮孔。小叶纸质,边缘具粗钝锯齿;叶面暗绿色,叶背粉绿色,被白粉,圆锥花序宽大,多分枝,花乳白色;花瓣开花时外卷;核果球形,略压扁,被具节柔毛和腺毛,成熟时红色。花期 7~9 月,果期 10~11 月。

用途　园景树,药用。

原产地　除东北、内蒙古和新疆外,其余各地均有分布。印度、中南半岛、马来西亚、印度尼西亚、日本和朝鲜亦有分布。

礐石分布　梦之谷、龙泉洞、衔远亭、文苑、野猪林、寻梦台。

野漆树 *Toxicodendron succedaneum* (L.) O. Kuntze

漆树科 Anacardiaceae　　　漆树属

别名　山贼子、檫仔漆、漆木、痒漆树、山漆树、大木漆、野漆

特征简介　乔木;各部位无毛;羽状复叶,具 9~15 小叶,无毛,小叶长圆状椭圆形或宽披针形,先端渐尖,基部圆或宽楔形,下面常被白粉;花黄绿色,花萼裂片宽卵形,花瓣长圆形,雄蕊伸出,与花瓣等长;核果斜卵形,不裂。

用途　药用,生漆用,用材。

原产地　华北至长江以南各地。印度、中南半岛、朝鲜和日本。

礐石分布　衔远亭、文苑、野猪林、寻梦台、防火景观台。

木蜡树 *Toxicodendron sylvestre* (Sieb. et Zucc.) O. Kuntze

漆树科 Anacardiaceae　　　漆属

别名　野漆疮树、野毛漆、山漆树、七月倍

特征简介　落叶乔木或小乔木；幼枝和芽被黄褐色茸毛，树皮灰褐色。小叶对生，纸质，全缘；小叶无柄或具短柄。圆锥花序密被锈色茸毛；花黄色，被卷曲微柔毛；花萼无毛；花瓣长圆形，具暗褐色脉纹，无毛；子房球形，无毛。核果极偏斜，压扁，外果皮薄，具光泽，无毛。花期5~6月，果期10月。

用途　园景树，食用，药用。

原产地　长江以南各地。朝鲜和日本也有分布。

硷石分布　塔山、梦之谷、龙泉洞。

清香木 *Pistacia weinmanniifolia* J. Poisson ex Franchet

漆树科 Anacardiaceae　　　黄连木属

特征简介　常绿灌木。奇数羽状复叶，叶基有2枚短刺，叶轴有狭翼。小叶对生，革质，叶面浓绿，有光泽，全叶密生腺体。雌雄异株，花小，有香味；雄花黄色，雌花红橙色。果实椭圆形，绿褐色。花期5月。

用途　园景树，室内绿化。

原产地　华南地区常见栽培。日本、韩国。

硷石分布　金山中学。

鸡爪槭 *Acer palmatum* Thunb.

无患子科 Sapindaceae　　槭树属

别名　台湾五裂枫、台湾五裂槭

特征简介　落叶小乔木，高可达 10m，树冠扁圆形或伞形。小枝光滑，细长，紫色或灰紫色。单叶对生，叶纸质，近圆形，5~9 掌状分裂，通常掌状 7 裂，基部近楔形或近心脏形，先端锐尖。尾状，边缘具锯齿，嫩叶两面密生柔毛，后叶表面光滑。5 月开花，花紫色，伞形状伞房花序。翅果平滑，10 月果熟。

用途　园景树。

原产地　我国产于华东、华中至西南等地。朝鲜和日本也有分布。

礐石分布　塔山。

龙眼 *Dimocarpus longan* Lour.

无患子科 Sapindaceae　　龙眼属

别名　羊眼果树、桂圆、圆眼

特征简介　常绿乔木；叶长圆状椭圆形或长圆状披针形，两侧常不对称，先端短钝尖，基部极不对称，下面粉绿色，两面无毛；花序密被星状毛，花瓣乳白色，披针形，与萼片近等长，外面被微柔毛。果近球形，常黄褐或灰黄色，稍粗糙，稀有微凸小瘤体。

用途　作果品为主，亦入药；木材坚实，是造船、家具、细工等的优良用材。

原产地　我国西南部至东南部栽培很广，以福建最盛，广东次之。

礐石分布　风景区管理局、塔山、财政培训中心、第三人民医院、桃花涧路、焰峰车道。

车桑子 *Dodonaea viscosa* (L.) Jacq.

无患子科 Sapindaceae　　坡柳属

别名　明油子、坡柳

特征简介　灌木或小乔木，高 1~3m 或更高；小枝扁，有狭翅或棱角。单叶，纸质，形状和大小变异很大；侧脉多而密，甚纤细；叶柄短或近无柄。花序顶生或在小枝上部腋生，比叶短，密花，主轴和分枝均有棱角；蒴果倒心形或扁球形，2 或 3 翅，种皮膜质或纸质，有脉纹。花期秋末，果期冬末春初。

用途　固沙保土树种，种子油供照明和做肥皂。

原产地　我国西南部、南部至东南部。全世界的热带和亚热带地区。

礐石分布　梦之谷、野猪林。

荔枝 *Litchi chinensis* Sonn.

无患子科 Sapindaceae　　荔枝属

别名　离枝

特征简介　乔木；树皮灰黑色；小枝密生白色皮孔；小叶全缘，下面粉绿色，两面无毛，侧脉纤细，上面不明显，下面明显或稍凸起；花序多分枝；花梗纤细，萼被金黄色短茸毛；果卵圆形或近球形，熟时常暗红至鲜红色。

用途　园景树，行道树，食用。

原产地　亚洲东南部也有栽培，非洲、美洲和大洋洲都有引种的记录；我国西南部、南部和东南部，尤以广东和福建南部栽培最盛。

礐石分布　风景区管理局、塔山、财政培训中心、桃花涧路、焰峰车道。

金柑 *Citrus japonica* Thunb.

芸香科 Rutaceae   柑橘属

别名 山金橘、金橘、公孙橘、牛奶柑、长寿金柑、
罗浮、圆金橘、圆金柑、罗纹、香港金橘、山
金豆、金枣、金桔、赣南脐橙、金豆、山橘

特征简介 灌木。多枝，刺短，单叶，叶缘，
中脉在叶面稍隆起；单花腋生，常位于叶柄与
刺之间；花萼杯状，裂片三角形；花瓣白色；
花药淡黄色，花盘短小，果圆或椭圆形，果皮
透熟时橙红色，果肉味酸。花期4~5月，果期
11至翌年1月。

用途 观赏，食用，药用。

原产地 福建、江西、湖南；华南地区广泛栽培。

礐石分布 财政培训中心。

柠檬 *Citrus × limon* (L.) Osbeck

芸香科 Rutaceae   柑橘属

别名 西柠檬、洋柠檬

特征简介 常绿小乔木。枝少刺或近于无刺，嫩叶
及花芽暗紫红色，翼叶宽或狭，或仅具痕迹，叶
卵形或椭圆形，边缘有明显钝裂齿。花瓣外面淡
紫红色，内面白色；常有单性花。果椭圆形或卵形，
两端狭，顶部常有乳头状突尖，果皮厚，柠檬黄色。

用途 园景树，食用。

原产地 长江以南地区有栽培。原产东南亚，现广
植于世界热带地区。

礐石分布 金山中学、财政培训中心。

柚子 *Citrus maxima* (Burm.) Merr.

芸香科 Rutaceae　　柑橘属

特征简介　乔木；单生复叶，叶质颇厚，浓绿色，基部圆；总状花序，花蕾淡紫红色，稀乳白色；果实圆球形，扁圆形，梨形或阔圆锥状，淡黄色或黄绿色，杂交种有朱红色的，果皮甚厚或薄，海绵质，油胞大，汁胞白色、粉红或鲜红色，少有带乳黄色。花期4~5月，果期9~12月。

用途　果树，园景树，用材。

原产地　产福建、江西、湖南、广东、广西。

罄石分布　金山中学、寻梦台、梦之谷、龙泉洞。

柑橘 *Citrus reticulata* Blanc.

芸香科 Rutaceae　　柑橘属

别名　番橘、橘仔、桔子、橘子、立花橘

特征简介　乔木。树高约3m。分枝多，枝扩展或略下垂，刺较少；翼叶通常狭窄，或仅有痕迹，叶缘至少上半段通常有钝或圆裂齿，很少全缘；果皮甚薄而光滑，或厚而粗糙，淡黄色、朱红色或深红色，果肉酸或甜，或有苦味，或另有特异气味；种子稀无籽，基部浑圆。花期4~5月，果期10~12月。

用途　观赏，食用，药用。

原产地　华南、西南地区，全球各地均有栽培。

罄石分布　财政培训中心、西湖。

黄皮 *Clausena lansium* (Lour.) Skeels

芸香科 Rutaceae   黄皮属

别名　黄弹

特征简介　小乔木。奇数羽状复叶，基部近圆
或宽楔形，叶缘波状或具浅圆锯齿，上面中脉
常被细毛；顶生，多花，白色，稍芳香，被毛；
果球形、椭圆形或宽卵形，淡黄色至暗黄色，
被毛，果肉乳白色，半透明。花期 3~5 月，果
期 6~8 月。

用途　园景树，食用，药用。

原产地　世界热带及亚热带地区有引种。台湾、
福建、广东、海南、广西、贵州南部、云南及
四川金沙江河谷均有栽培。

礐石分布　金山中学、塔山、财政培训中心。

九里香 *Murraya exotica* L. Mant.

芸香科 Rutaceae   九里香属

别名　石桂树

特征简介　小乔木；奇数羽状复叶，小叶先端
圆钝或钝尖，基部楔形，全缘；小叶柄甚短；
花序伞房状或圆锥状聚伞花序，顶生，或兼有
腋生，花白色，芳香；花瓣 5；果橙黄色至朱
红色，宽卵形或椭圆形，果肉含胶液，种子被
绵毛。花期 4~8 月，果期 9~12 月。

用途　园景树，用材。

原产地　产台湾、福建、广东、海南、广西等
地南部。

礐石分布　风景区管理局、梦之谷、龙泉洞、
财政培训中心、野猪林、寻梦台、西入口、桃
花涧路、焰峰车道。

簕欓花椒 *Zanthoxylum avicennae* (Lam.) DC.

芸香科 Rutaceae　　　花椒属

别名　簕欓

特征简　落叶乔木；幼树枝叶密被刺，各部无毛；小叶常对生，先端短钝尖，基部楔形偏斜，全缘，或中部以上疏生不明显钝齿；花序顶生，花多；花序轴及花硬有时紫红色；花瓣黄白色；果瓣淡紫红色，油腺点多明显，微凸。花期6~8月，果期10~12月，也有10月开花的。

用途　药用。

原产地　菲律宾、越南北部；我国见于北纬约25°以南地区。

砮石分布　塔山、梦之谷、龙泉洞、寻梦台、防火景观台、西入口。

两面针 *Zanthoxylum nitidum* (Roxb.) DC.

芸香科 Rutaceae　　　花椒属

别名　大叶猫爪簕、红倒钩簕、叶下穿针、入地金牛、麻药藤、入山虎、钉板刺

特征简介　木质藤本，幼株为直立灌木；茎枝、叶轴下面及小叶两面中脉常具钩刺；奇数羽状复叶，小叶(3)5~11，小叶对生，厚纸质至革质，宽卵形、近圆形，或窄长椭圆形，长3~12cm，先端尾状，凹缺具油腺点，基部圆或宽楔形，疏生浅齿或近全缘，两面无毛；聚伞状圆锥花序腋生；果皮红褐色。 花期3~5月，果期9~11月。

用途　药用。

原产地　台湾、福建、广东、海南、广西、贵州及云南。

砮石分布　梦之谷、龙泉洞。

花椒簕 *Zanthoxylum scandens* Bl.

芸香科 Rutaceae　　花椒属

别名　乌口簕、花椒藤、藤花椒

特征简介　藤状灌木；小枝细长披垂，枝干具短钩刺；小叶互生或叶轴上部叶对生，全缘或上部具细齿，上面无毛或被粉状微毛，叶轴具短钩刺；聚伞状圆锥花序腋生或顶生；淡紫绿色，花瓣淡黄绿色，果序及果柄均无毛或疏被微柔毛；果瓣紫红色，顶端具短芒尖，油腺点不显。花期 3~5 月，果期 7~8 月。

用途　药用。

原产地　产于长江以南，见于沿海低地。东南亚各地。

礐石分布　梦之谷、龙泉洞。

四季米仔兰 *Aglaia duperreana* Pierre

楝科 Meliaceae　　米仔兰属

特征简介　常绿灌木或小乔木，高达 7m；多分枝，树冠圆球形。顶芽和幼枝常被褐色盾状鳞片。羽状复叶互生，叶轴有狭翅；小叶 3~5 枚，倒卵形至长椭圆形。圆锥花序腋生，花黄色，极芳香。果卵形或近球形。花期 7~9 月或全年有花。

用途　园景树，食用。

原产地　华南、西南地区常见栽培。原产东南亚，现广植于世界热带和亚热带。

礐石分布　金山中学、梦之谷、龙泉洞、风景区管理局、塔山、第三人民医院、衔远亭、文苑。

大叶山楝 *Aphanamixis polystachya* (Wall.) R. N. Park.

楝科 Meliaceae　　山楝属

别名　穗花树兰、油桐、红果树、假油桐、山罗、红罗、沙罗、苦柏木、红萝木、大叶沙罗、山楝、华山楝、台湾山楝

特征简介　乔木。小叶对生，初时膜质，后变亚革质，在强光下可见很小的透明斑点，长椭圆形，两面均无毛。穗状花序腋上生，短于叶；花球形，无花梗，花瓣3。蒴果近卵形，熟后橙黄色，开裂为3果瓣。花期5~9月，果期10月至翌年4月。

用途　园景树。

原产地　广东、广西、云南。印度、中南半岛、印度尼西亚等。

碧石分布　金山中学。

麻楝 *Chukrasia tabularis* A. Juss.

楝科 Meliaceae　　麻楝属

别名　白椿、毛麻楝

特征简介　乔木，无毛，小叶互生，纸质，先端渐尖，两面均无毛或近无毛，圆锥花序顶生，苞片线形，早落；花有香味；花梗短，花瓣黄色或略带紫色，花药椭圆形，子房具柄，花柱圆柱形，蒴果灰黄色或褐色，近球形或椭圆形，种子扁平，椭圆形。花期4~5月，果期7月至翌年1月。

用途　园景树，药用。

原产地　广东、广西、贵州和云南等省区。印度、斯里兰卡。

碧石分布　金山中学、桃花涧路、焰峰车道。

香港樫木 *Dysoxylum hongkongense* (Tutch.) Merr.

楝科 Meliaceae　　樫木属

别名　香港葱臭木

特征简介　乔木，高达 25m；幼枝被黄色柔毛或近无毛；复叶长 20~30cm；小叶 10~16，近革质，长椭圆形，先端钝或短渐尖，基部楔形或圆形，两面无毛，侧脉 8~15 对；圆锥花序近枝顶腋生，被黄褐色平伏柔毛；花梗粗，被黄褐色柔毛；花萼浅杯状，5 齿裂，被柔毛；花瓣 5，白色，长椭圆形，被红褐色平伏柔毛；蒴果梨形，种子长椭圆形，深褐色，具假种皮。花期 5~7 月和 10~12 月，果期 11~12 月和 3~6 月。

用途　轻木工用材，药用。

原产地　广东、广西、海南、香港及云南等地。

礐石分布　风景区管理局。

苦楝 *Melia azedarach* L.

楝科 Meliaceae　　楝属

别名　苦楝树、金铃子、川楝子、森树、紫花树、楝树、楝、川楝

特征简介　落叶乔木；树皮灰褐色，分枝广展，小叶对生；圆锥花序约与叶等长，花芳香；裂片卵形或长圆状卵形，先端急尖，花瓣淡紫色，倒卵状匙形，两面均被微柔毛，核果球形至椭圆形，内果皮木质，种子椭圆形。花期 4~5 月，果期 10~12 月。

用途　园景树，药用。

原产地　黄河以南各地，较常见。广布于亚洲热带和亚热带地区，温带地区栽培。

礐石分布　风景区管理局、防火景观台。

木棉 *Bombax ceiba* L.

锦葵科 Malvaceae　　　木棉属

别名　攀枝、斑芝树、斑芝棉、攀枝花、英雄树、红棉

特征简介　落叶大乔木，树皮灰白色，幼树的树干通常有圆锥状的粗刺；掌状复叶；花单生枝顶叶腋，红色，萼杯状，内面密被淡黄色短绢毛，半圆形，花瓣肉质；蒴果长圆形，钝，密被灰白色长柔毛和星状柔毛；种子多数，倒卵形，光滑。

用途　花可供蔬食，入药清热除湿，能治菌痢等；果内绵毛可作枕、褥等填充材料；种子油可作润滑油、制肥皂；园庭观赏树，行道树。

原产地　云南、广西、江西、广东、福建、台湾等亚热带地区。

崂石分布　风景区管理局、东湖、财政培训中心、财政培训中心周围、第三人民医院、西湖、桃花涧路、焰峰车道。

美丽异木棉 *Ceiba speciosa* (A.St.-Hil.) Rav.

锦葵科 Malvaceae　　　异木棉属

别名　美人树、美丽木棉、丝木棉

特征简介　落叶乔木；树干下部膨大，幼树树皮浓绿色，密生圆锥状皮刺；掌状复叶，椭圆形；花单生；蒴果椭圆形。

用途　华南地区常用作道路绿化。

原产地　广东、福建、广西、海南、云南、四川等地栽培。原产于南美洲。

崂石分布　风景区管理局、塔山。

甜麻 *Corchorus aestuans* L.

锦葵科 Malvaceae   甜麻属

别名　假黄麻、针筒草

特征描述　一年生草本；叶卵形，先端尖，基部圆，两面疏被长毛，边缘有锯齿；花单生或数朵组成聚伞花序，生于叶腋，花序梗及花梗均极短；窄长圆形；花瓣与萼片等长，倒卵形，黄色；蒴果长筒形，具多数种子。

用途　纤维可作为黄麻代用品，用作编织及造纸原料；嫩叶可供食用；入药可作清凉解热剂。

原产地　长江以南各地。

礐石分布　风景区管理局。

山芝麻 *Helicteres angustifolia* L.

锦葵科 Malvaceae   山芝麻属

别名　坡油麻、山油麻、狭叶山芝麻、山脂麻

特征简介　小灌木；小枝被灰绿色柔毛；叶窄长圆形或线状披针形；花瓣5，不等大，淡红色或紫红色，稍长于花萼；蒴果卵状长圆形，密被星状毛及混生长茸毛。

用途　茎皮纤维可作混纺原料，根可药用，叶捣烂敷患处可治疮疖。

原产地　湖南、江西、广东、广西、云南、福建和台湾。

礐石分布　梦之谷、龙泉洞。

银叶树 *Heritiera littoralis* Dryand

锦葵科 Malvaceae　　　银叶树属

特征简介　常绿乔木；幼枝被白色鳞秕；叶长圆状披针形、椭圆形或卵形，下面密被银白色鳞秕；圆锥花序腋生，密被星状毛和鳞秕；花红褐色；花萼钟状，5浅裂，裂片三角形；果木质，坚果状，近椭圆形，光滑，干时黄褐色，背有龙骨状突起。
用途　木材坚硬，为建筑、造船和家具的良材。
原产地　广东、广西和台湾。
磐石分布　西湖。

木芙蓉 *Hibiscus mutabilis* L.

锦葵科 Malvaceae　　　木槿属

别名　酒醉芙蓉、芙蓉花、重瓣木芙蓉
特征简介　落叶灌木或小乔木；小枝、叶柄、花梗和花萼均密被星状毛与直毛相混的细绵毛。叶宽卵形至圆卵形或心形，裂片三角形，先端渐尖，具钝圆锯齿，上面疏被星状细毛和点，下面密被星状细茸毛；花单生于枝端叶腋间，近端具节；花初开时白色或淡红色，后变深红色，花瓣近圆形；种子肾形。花期 8~10 月。
用途　久经栽培的园林观赏植物；花叶供药用，有清肺、凉血、解毒之功效。
原产地　原产湖南。日本和东南亚各国也有栽培。
磐石分布　海滨广场绿化地。

朱槿 *Hibiscus rosa-sinensis* L.

锦葵科 Malvaceae　　　木槿属

别名　状元红、桑槿、大红花、佛桑、扶桑、花叶朱槿

特征简介　常绿灌木，小枝圆柱形，疏被星状柔毛；叶阔卵形或狭卵形，先端渐尖；花单生于上部叶腋间，常下垂；花冠漏斗形，玫瑰红或淡红、淡黄等色。

用途　花大色艳，四季常开，主供园林景观用。

原产地　广东、云南、台湾、福建、广西、四川等地栽培。

礐石分布　东湖、塔山、梦之谷、龙泉洞。

彩叶朱槿 *Hibiscus rosa-sinensis* 'Variegata'

锦葵科 Malvaceae　　　木槿属

别名　花叶扶桑

特征简介　常绿灌木；小枝圆柱形，疏被星状柔毛；叶阔卵形至长卵形，有白色条纹，先端渐尖；花单生叶腋，常下垂，花冠漏斗状，花瓣倒卵形，朱红色；蒴果卵球形，顶端有短喙，光滑无毛。

用途　主要用作园林绿化。

原产地　我国南部各地普遍栽培。

礐石分布　财政培训中心、第三人民医院。

马拉巴栗 *Pachira glabra* Pasq.

锦葵科 Malvaceae　　瓜栗属

别名　瓜栗、发财树

特征简介　小乔木；小叶 5~11，长圆形至倒卵状长圆形，渐尖，基部楔形，全缘。花单生枝顶叶腋，花瓣淡黄绿色，雄蕊管分裂为多数雄蕊束，每束再分裂为 7~10 枚细长的花丝，花丝白色。蒴果近梨形。花期 5~11 月。

用途　主要用作室内观叶植物及园林绿化树种。

原产地　华南地区广泛栽培。中美洲墨西哥至哥斯达黎加。

砻石分布　砻石海旁路。

黄花稔 *Sida acuta* Burm. f.

锦葵科 Malvaceae　　黄花稔属

特征简介　直立亚灌木状草本；叶披针形，先端短尖或渐尖，基部圆或钝，具锯齿；叶柄疏被柔毛；花单朵或成对生于叶腋，花梗被柔毛，中部具节；花黄色，花瓣倒卵形；果皮具网状皱纹。花期冬春季。

用途　茎皮纤维供绳索料；根叶作药用，有抗菌消炎之功。

原产地　产台湾、福建、广东、广西和云南。原产印度，也分布于越南和老挝。

砻石分布　东湖。

假苹婆 *Sterculia lanceolata* Cav.

锦葵科 Malvaceae　　　苹婆属

别名　赛苹婆、鸡冠木、山羊角

特征描述　乔木；幼枝被毛；叶椭圆形、披针形或椭圆状披针形；圆锥花序腋生，密集多分枝；花淡红色；蓇葖果鲜红色，种子椭圆状卵圆形，黑褐色。

用途　茎皮纤维可作麻袋的原料，也可造纸；种子可食用，也可榨油。

原产地　广东、广西、云南、贵州和四川南部。

礐石分布　风景区管理局、塔山、梦之谷、龙泉洞、第三人民医院、衍远亭、文苑、寻梦台、防火景观台、桃花涧路、焰峰车道。

土沉香 *Aquilaria sinensis* (Lour.) Spreng.

瑞香科 Thymelaeaceae　　　沉香属

别名　沉香、芫香、崖香、青桂香、栈香、女儿香、牙香树、白木香、香材

特征简介　乔木，高5~15m，树皮暗灰色，几乎平滑；小枝圆柱形，具皱纹，幼时被疏柔毛，后逐渐脱落，无毛或近无毛。叶革质，圆形、椭圆形至长圆形，有时近倒卵形，上面暗绿色或紫绿色，光亮，下面淡绿色，两面均无毛；花芳香，黄绿色，多朵，组成伞形花序；蒴果卵球形。花期春夏季，果期夏秋季。

用途　药用，造纸，香料原料。

原产地　广东、海南、广西、福建。

礐石分布　金山中学。

象腿树 *Moringa drouhardii* Jum

辣木科 Moringaceae　　辣木属

别名　象腿辣木

特征简介　半落叶乔木，树高 10~15m，胸径达 70~80cm；树干圆滑挺拔，表皮浅灰色，宛如大象粗壮的大腿；大树树皮厚 2~2.5cm，木质疏松，多汁；花黄色，腋生，组成圆锥花序。蒴果长 20~40cm。花期 8~9 月，果期至翌年 3 月成熟。

用途　庭园观赏。

原产地　非洲马达加斯加南部低海拔地区。

礐石分布　金山中学。

番木瓜 *Carica papaya* L.

番木瓜科 Caricaceae　　番木瓜属

别名　树冬瓜、满山抛、番瓜、万寿果、木瓜

特征简介　常绿软木质小乔木；具乳汁；托叶痕螺旋状排列；叶大，聚生于茎顶，羽状分裂；花单性或两性；浆果肉质，成熟时橙黄色或黄色，长球形、倒卵状长球形，果肉柔软多汁，味香甜；种子多数，卵球形，成熟时黑色，外种皮肉质，内种皮木质，具皱纹。

用途　果实成熟可作水果，种子可榨油。果和叶均可药用。

原产地　热带美洲。

礐石分布　金山中学、塔山、财政培训中心。

寄生藤 *Dendrotrophe varians* (Blume) Miq.

檀香科 Santalaceae　　寄生藤属

别名　叉脉寄生藤

特征简介　木质藤本，常呈灌木状；枝深灰黑色，嫩时黄绿色，三棱形，扭曲。叶厚，多少软革质，倒卵形至阔椭圆形，聚伞状花序，小苞片近离生，偶呈总苞状；核果卵状或卵圆形，带红色，长 1~1.2cm，顶端有内拱形宿存花被，成熟时棕黄色至红褐色。花期 1~3 月，果期 6~8 月。

用途　全株供药用，外敷治跌打刀伤。

原产地　福建、广东、广西、云南。

礐石分布　梦之谷、龙泉洞。

珊瑚藤 *Antigonon leptopus* Hook. et Arn.

蓼科 Polygonaceae　　珊瑚藤属

别名　紫苞藤、朝日藤
特征简介　多年生攀缘藤本，长达 10m，有肥厚块根；茎被棕褐色短柔毛，具棱；叶纸质，卵状三角形，基本戟形，两面均被褐色短柔毛；总状花序顶生或生于上部叶腋内，花粉红色或白色。花期 4~8 月。
用途　庭园观赏植物。
原产地　中美洲。现广植于各热带地区，有时逸为野生。
礐石分布　金山中学、西湖。

土牛膝 *Achyranthes aspera* L.

苋科 Amaranthaceae　　牛膝属

别名　倒梗草、倒钩草、倒扣草
特征简介　直立或披散草本，高达 1m。茎被柔毛，叶纸质，卵圆形或长椭圆形，两面被柔毛，穗状花序长 10~30cm，总花梗粗壮，被毛；花浅绿色，疏生。胞果椭圆形，种子褐色。花期 6~9 月。
用途　根供药用，有清热解毒、利尿之功效。
原产地　长江以南地区。东南亚各国。
礐石分布　风景园林管理局、东湖、梦之谷、龙泉洞。

苋 *Amaranthus tricolor* L.

苋科 Amaranthaceae　　苋属

别名　三色苋、老来少、老少年、雁来红
特征简介　一年生草本，茎粗壮，直立，绿色或红色，无毛。叶卵形或三角状卵形，红色、绿色或具紫色斑；叶柄无毛。花簇生成球，腋生，顶部的排成穗状花序，青白色，有时深红色；胞果长卵形，种子深褐色。花果期 5~9 月。
用途　作蔬菜、观赏植物；入药有利大小便、祛寒热之功效。
原产地　原产印度；世界各地常见栽培，全国各地均有栽培。
礐石分布　桃花涧路、焰峰车道。

锦绣苋 *Alternanthera bettzickiana* (Regel) Nichols

苋科 Amaranthaceae   苋属

别名 红莲子草、红节节草、红草、五色草
特征简介 多年生草本，茎直立或基部匍匐，
多分枝，上部四棱形，下部圆柱形，叶片矩
圆形，顶端急尖或圆钝，边缘皱波状，绿色
或红色；头状花序顶生及腋生，2~5 个丛生，
无总花梗；果实不发育。花期 8~9 月。
用途 花坛布置，全株入药。
原产地 我国各大城市有栽培。巴西。
碧石分布 梦之谷、龙泉洞。

空心莲子草 *Alternanthera philoxeroides* (Mart.) Griseb.

苋科 Amaranthaceae   莲子草属

别名 喜旱莲子草、水花生、革命草、水蕹
菜、空心苋、长梗满天星、空心莲子菜
特征简介 多年生草本；茎基部匍匐，上部
披散或上升，中空；嫩茎被柔毛；叶长圆形，
两面无毛；头状花序白色，腋生，胞果不能
成熟。花期 4~12 月。
用途 全草有清热利水、凉血解毒之功效，
可作猪饲料。
原产地 巴西。广东、北京、江苏、浙江、
江西、湖南有引种或逸为野生。
碧石分布 东湖、塔山。

杯苋 *Cyathula prostrata* (L.) Blume

苋科 Amaranthaceae   杯苋属

特征简介 多年生草本，茎基部常匍匐，节上
生根，被灰色长柔毛。叶菱状倒卵形，两面疏
生柔毛；叶柄短，被柔毛；总状花序顶生或腋生，
被柔毛；花簇疏生，具短梗，花淡绿色，无花梗。
胞果球形，成熟时连同花簇脱落。花果期 4~12 月。
用途 全草治跌打，有小毒。
原产地 广东、海南、云南、广西、台湾。亚
洲南部和东南部、非洲和大洋洲热带地区。
碧石分布 金山中学、梦之谷、龙泉洞。

叶子花 *Bougainvillea spectabilis* Willd.

紫茉莉科 Nyctaginaceae　　　　叶子花属

别名　宝巾、簕杜鹃、三角梅、三角花、九重葛、毛宝巾

特征简介　藤状灌木。枝、叶密生柔毛；刺腋生、下弯。叶片椭圆形或卵形，基部圆形，有柄。花序腋生或顶生；苞片椭圆状卵形，基部圆形至心形，暗红色或淡紫红色；花被管狭筒形，绿色，密被柔毛；果实密生毛。花期冬春间。

用途　南方常见观赏植物、绿化植物。

原产地　热带美洲。

礐石分布　风景园林管理局、东湖、塔山、财政培训中心、三院、寻梦台、防火景观台。

紫茉莉 *Mirabilis jalapa* L.

紫茉莉科 Nyctaginaceae　　　　紫茉莉属

别名　晚饭花、苦丁香、状元花、胭脂花、烧汤花、夜娇花、潮来花、粉豆、白花紫茉莉、白开夜合

特征简介　一年生草本。茎直立，圆柱形，多分枝，无毛或疏生细柔毛，节稍膨大。叶片卵形或卵状三角形，顶端渐尖，基部截形或心形，全缘；花常数朵簇生枝端；花被紫红色、黄色、白色或杂色，高脚碟状，午后开放，有香气，次日午前凋萎；瘦果球形，黑色，表面具皱纹；种子胚乳白色，粉质。花期6~10月，果期8~11月。

用途　观赏花卉，药用。

原产地　热带美洲。我国南北各地常栽培。

礐石分布　金山中学。

落葵 *Basella alba* L.

落葵科 Basellaceae　　　　落葵属

别名　蒟芭菜、胭脂菜、紫葵、豆腐菜、木耳菜、藤菜

特征简介　缠绕藤本；茎肉质，光滑无毛，绿色或淡紫色，有分枝。叶肉质，阔卵形，顶端急尖，基本浅心形，全缘。花小，稍肉质，排成腋生穗状花序，无梗；花被肉质，基部白色，顶端紫色。果近球形，暗紫色，多汁液。花果期4~11月。

用途　叶作蔬菜；全草入药，清热凉血。

原产地　现广植于世界各地。我国南北各地皆有栽培。原产热带亚洲和非洲。

礐石分布　财政培训中心、桃花涧路、焰峰车道。

大花马齿苋 *Portulaca grandiflora* Hook.

马齿苋科 Portulacaceae　　马齿苋属

别名　太阳花、午时花、洋马齿苋、龙须牡丹、金丝杜鹃、松叶牡丹、半支莲、死不了

特征简介　一年生肉质草本，茎匍匐或近直立，分枝，稍带紫色，光滑。叶散生，圆柱形，在叶腋有长约5mm的丛生白色长柔毛。花常单朵或两朵顶生，有玫瑰红、粉红、白、黄等色，基部为8~9枚轮生的叶和白色长柔毛围绕；花瓣倒卵形，有时重瓣。

用途　观赏花卉。

原产地　现各地广泛栽培。热带美洲。

碞石分布　东湖。

马齿苋 *Portulaca oleracea* L.

马齿苋科 Portulacaceae　　马齿苋属

别名　五行菜、酸菜、狮岳菜、猪母菜、蚂蚁菜、瓜米菜、马齿菜、马苋菜、麻绳菜、瓜子菜、长命菜、

特征简介　一年生草本；茎匍匐或披散、肉质，常呈淡紫色；叶互生或近对生，肉质，扁平；花无梗，花瓣5片，黄色，与萼等长，基部合生。花期5~8月，果期8~11月。

用途　茎叶可食用，味微酸，可作饲料；药用有消瘀、化积，消炎解毒、利尿等功效。

原产地　遍及全国。广布于世界的热带至温带地区。

碞石分布　风景园林管理局、财政培训中心。

量天尺 *Hylocereus undatus* (Haw.) Britt. et Rose

仙人掌科 Cactaceae　　量天尺属

别名　三棱箭、三角柱、霸王鞭、龙骨花、火龙果、霸王花

特征简介　攀缘肉质灌木，具气根；分枝多数，延伸，具3角或棱，棱常翅状，边缘波状或圆齿状，深绿色至淡蓝绿色，无毛，老枝边缘常胼胀状，淡褐色，骨质；小窠沿棱排列，每小窠具1~3根开展的硬刺；刺锥形，灰褐色至黑色；浆果红色，长球形。

用途　花可作蔬菜，浆果可食，商品名"火龙果"。

原产地　中美洲至南美洲北部。世界各地广泛栽培。

碞石分布　金山中学。

红花玉蕊 *Barringtonia acutangula* (L.) Gaertn.

玉蕊科 Lecythidaceae　　　玉蕊属

特征简介　常绿灌木或小乔木，高 4~8 m。叶集生于枝顶，椭圆形或长倒卵形。总状花序生于无叶的老枝上，下垂；花径约 2 cm，花瓣乳白色，花丝线形、深红色，夜晚绽放。果实卵球形，长 2~4 cm，有四棱。花期 5~9 月，果期 11 月至翌年 1 月。

用途　庭院观赏。

原产地　东南亚海滨至澳大利亚。

礐石分布　金山中学。

米碎花 *Eurya chinensis* R. Br.

五列木科 Pentaphylacaceae　　　柃木属

特征简介　灌木，多分枝；叶薄革质，倒卵形或倒卵状椭圆形，先端钝，基部楔形，密生细齿，两面无毛或初疏被柔毛，上面中脉凹下，侧脉 6~8 对，两面均不明显；花 1~4 朵簇生叶腋；花梗无毛；萼片 5，无毛；花瓣 5，白色，倒卵形；雄蕊约 15，花药无分格；果球形或卵圆形，紫黑色。花期 11~12 月，果期翌年 6~7 月。

用途　药用，景观绿篱。

原产地　广泛分布于南部沿海及西南部，江西南部、福建、台湾、湖南、广东、广西。

礐石分布　梦之谷、龙泉洞。

人心果 *Manilkara zapota* (L.) P. Royen

山榄科 Sapotaceae　　　铁线子属

特征简介　乔木，小枝茶褐色，具明显的叶痕。叶互生，密聚于枝顶，革质，两面无毛，具光泽，网脉极细密，两面均不明显；花 1~2 朵生于枝顶叶腋，长约 1cm；花冠白色，花冠裂片卵形，背部两侧具 2 枚等大的花瓣状附属物。浆果纺锤形、卵形或球形，褐色，果肉黄褐色；种子扁。花果期 4~9 月。

用途　观赏，食用。

原产地　我国广东、广西、云南有栽培。原产美洲热带地区。

礐石分布　财政培训中心。

神秘果 *Synsepalum dulcificum* (Schu. et Thonn.) Daniell

山榄科 Sapotaceae　　神秘果属

特征简介　多年生常绿灌木，枝、茎灰褐色；叶互生，琵琶形或倒卵形，革质，叶脉羽状。神秘果开白色小花，单生或簇生于枝条叶腋间，柱头高于雄蕊。果实为单果着生，椭圆形。成熟时果鲜红色。每果具有1枚褐色种子，扁椭圆形。每年有3次盛花期2~3月、5~6月、7~8月，果期4~5月、7~8月、9~11月，若其他月份温度适合可零星开花成熟。

用途　观赏，药用。

原产地　华南、西南地区栽培。原产于西非。

碧石分布　风景区管理局。

柿 *Diospyros kaki* Thunb.

柿科 Ebenaceae　　柿属

别名　柿子

特征简介　落叶大乔木。通常高达10~14m以上；树皮深灰色至灰黑色，或者黄灰褐色至褐色；树冠球形或长圆球形。枝开展，带绿色至褐色，无毛；嫩枝初时有棱，有棕色柔毛或茸毛或无毛。叶纸质。花雌雄异株，花序腋生，为聚伞花序；果形有球形、扁球形等；种子褐色，椭圆状。花期5~6月，果期9~10月。

用途　观赏，食用，木材，药用。

原产地　中国南北各地均有分布。亚洲各地、非洲北部、法国、俄罗斯、美国等有栽培。

碧石分布　梦之谷、龙泉洞。

山茶 *Camellia japonica* L.

山茶科 Theaceae　　山茶属

别名　洋茶、茶花、晚山茶、耐冬、山椿、薮春、曼佗罗、野山茶

特征简介　乔木或灌木状；叶革质，椭圆形，具钝齿；单花顶生及腋生，红色；花无梗，花瓣6~7；雄蕊3轮；子房无毛，顶端3裂；蒴果球形，3裂，果爿木质，每室1~2枚种子；种子无毛。

用途　园林观赏；花有止血之功效；种子榨油，供工业用。

原产地　四川、台湾、山东、江西等地有野生种；国内各地广泛栽培。

碧石分布　风景区管理局、金山中学。

南山茶 *Camellia semiserrata* Chi

山茶科 Theaceae　　山茶属

别名　广宁油茶、广宁红花油茶、毛籽红山茶、栓壳红山茶

特征简介　乔木或灌木状；叶革质，椭圆形或倒卵状椭圆形，先端骤短尖，基部楔形或近圆形，两面无毛，中上部具锯齿；花红色，单花顶生或腋生；花无梗；苞片及萼片近圆形；花瓣被白绢毛；蒴果卵圆形，顶端具短喙，萼片宿存。

用途　栽培观赏。

原产地　产广东、广西、福建等地。

礐石分布　梦之谷、龙泉洞、衔远亭、文苑。

光叶山矾 *Symplocos lancifolia* Sieb. et Zucc.

山矾科 Symplocaceae　　山矾属

别名　广西山矾、潮州山矾、卵叶山矾

特征简介　小乔木；芽、嫩枝、嫩叶、花序均被黄褐色柔毛。叶纸质或近膜质，卵形至阔披针形，先端尾状渐尖，基部阔楔形或稍圆，边缘具稀疏的浅钝锯齿；中脉在叶面平坦，侧脉纤细。穗状花序；苞片椭圆状卵形；花萼5裂，裂片与萼筒等长或稍长于萼筒；花冠淡黄色；子房3室，花盘无毛。核果近球形。花期3~11月，果期6~12月。

用途　观赏，药用。

原产地　华南和西南地区、长江流域各地。日本也有分布。

礐石分布　桃花涧路、焰峰车道。

栀子花 *Gardenia jasminoides* Ellis

茜草科 Rubiaceae　　栀子属

别名　黄栀子、栀子、小叶栀子、山栀子

特征简介　灌木。叶对生，革质，稀为纸质，少为3枚轮生；侧脉8~15对，在下面凸起，在上面平。花芳香，通常单朵生于枝顶；花冠白色或乳黄色，高脚碟状，喉部有疏柔毛。果黄色或橙红色。花期3~7月，果期5月至翌年2月。

用途　园景树，药用。

原产地　全国各地。日本、朝鲜、越南、老挝、柬埔寨、印度、尼泊尔、巴基斯坦以及太平洋岛屿、美洲北部。

礐石分布　塔山、梦之谷、龙泉洞、财政培训中心。

伞房花耳草 *Hedyotis corymbosa* (L.) Lam.

茜草科 Rubiaceae　　　**耳草属**

别名　水线草

特征简介　一年生蔓生草本；分枝极多，无毛或粗糙；叶膜质或纸质，边缘粗糙，背卷，侧脉不明显；侧脉每边 4~5 条，在上面柔弱，在下面突起；圆锥花序腋生，有 2~4 花，稀单花；花冠白色或淡红色，筒状；蒴果球形，成熟时顶部开裂。花果期几乎全年。

用途　观赏，药用。

原产地　广东、广西、海南、福建、浙江、贵州、四川。

磐石分布　风景区管理局、东湖、塔山。

牛白藤 *Hedyotis hedyotidea* (DC.) Merr.

茜草科 Rubiaceae　　　**耳草属**

特征简介　藤状灌木，嫩枝方柱形，被粉末状柔毛；叶对生，膜质，上面粗糙，下面被柔毛；侧脉每边 4~5 条，在上面下陷，在下面微凸；花序腋生和顶生，由 10~20 朵花集聚而成一伞形花序；无毛或极稀有极短的柔毛，多花；花冠白色，管形；蒴果近球形，宿存萼檐裂片外反。花期 4~7 月。

用途　观赏，药用。

原产地　广东、广西、云南、贵州、福建、台湾。越南。

磐石分布　塔山。

长节耳草 *Hedyotis uncinella* Hook. et Arn.

茜草科 Rubiaceae　　　**耳草属**

别名　小钩耳草

特征简介　直立、多年生、无毛草本；叶具柄或近无柄，纸质，侧脉 4~5 对，纤细；托叶三角形，撕裂；头状花序顶生和腋生，有或无花序梗；花冠白色或紫色，冠筒喉部被茸毛；蒴果宽卵形，顶部平，成熟时裂为 2 果爿，果爿腹部直裂。花期 4~6 月。

用途　观赏，药用。

原产地　广东、海南、湖南、贵州、台湾、香港。印度。

磐石分布　梦之谷、龙泉洞。

龙船花 *Ixora chinensis* Lam.

茜草科 Rubiaceae   龙船花属

别名　山丹、卖子木、蒋英木

特征简介　灌木；小枝初时深褐色，有光泽，老时呈灰色，具线条；叶对生，有时由于节间距离极短几乎成 4 枚轮生；侧脉每边 7~8 条，近叶缘处彼此联结，横脉松散；花序顶生，多花，具短总花梗；总花梗与分枝均呈红色，罕有被粉状柔毛，基部常有小型叶 2 枚承托；花冠红色或红黄色，顶部 4 裂；果近球形，双生，中间有 1 沟，成熟时红黑色。花期 5~7 月。

用途　观赏，药用。

原产地　福建、广东、香港、广西。越南、菲律宾、马来西亚。

礐石分布　金山中学、财政培训中心。

鸡眼藤 *Morinda parvifolia* Bartl. et DC.

茜草科 Rubiaceae   巴戟天属

别名　糠藤、土藤、百眼藤、细叶巴戟天、小叶羊角藤

特征简介　攀缘、缠绕或平卧藤本；嫩枝密被短粗毛，老枝棕色或稍紫蓝色，具细棱；叶纸质，侧脉 3~6 对；叶柄被粗毛，托叶膜质，筒状；头状花序顶生，由 2~6 个头状花序组成伞形复花序；花冠白色或绿白色，冠筒短；聚花果具核果，近球形，熟时橙红至橘红色。花期 4~6 月，果期 7~8 月。

用途　药用。

原产地　福建、江西、台湾、广东、香港、海南、广西。菲律宾、越南。

礐石分布　风景区管理局、塔山、梦之谷、龙泉洞、财政培训中心、衔远亭、文苑、野猪林、寻梦台、防火景观台。

羊角藤 *Morinda umbellata* subsp. *obovata* Y.Z.Ruan

茜草科 Rubiaceae　　巴戟天属

特征简介　攀缘或缠绕藤本；叶纸质或革质，上面常具蜡质，光亮，无毛，下面淡棕黄色或禾秆色；侧脉 4~5 对；花序 3~11 伞状排列于枝顶；花冠白色，稍呈钟状，外面无毛；聚花核果成熟时红色，近球形或扁球形。花期 6~7 月，果期 10~11 月。

用途　观赏，药用。

原产地　产江苏、安徽、浙江、江西、福建、台湾、广东、海南、广西。

礐石分布　塔山、梦之谷、龙泉洞。

玉叶金花 *Mussaenda pubescens* W. T Aiton

茜草科 Rubiaceae　　玉叶金花属

别名　良口茶、野白纸扇、灵仙玉叶金花

特征简介　攀缘灌木；小枝被柔毛；叶对生或轮生，膜质或薄纸质，上面近无毛或疏被毛，下面密被短柔毛；聚伞花序顶生，密花；花冠黄色，外面被贴伏短柔毛，内面喉部密被棒形毛，花冠裂片长圆状披针形，渐尖，内面密生金黄色小疣突；浆果近球形，疏被柔毛，顶部有萼檐脱落后的环状疤痕。花期 6~7 月。

用途　观赏，药用。

原产地　产广东、香港、海南、广西、福建、湖南、江西、浙江、台湾。

礐石分布　塔山、梦之谷、龙泉洞。

鸡矢藤 *Paederia foetida* L.

茜草科 Rubiaceae   鸡矢藤属

别名　鸡屎藤、解暑藤、女青、牛皮冻、毛鸡屎藤、狭叶鸡矢藤、疏花鸡矢藤、毛鸡矢藤

特征简介　藤状灌木；叶对生，膜质，叶上面无毛，在下面脉上被微毛；侧脉每边 4~5 条，在上面柔弱，在下面突起；圆锥花序腋生或顶生；花有小梗，生于柔弱的三歧常作蝎尾状的聚伞花序上；花冠紫蓝色，通常被茸毛，裂片短；果阔椭圆形，小坚果浅黑色，具 1 阔翅。花期 5~6 月。

用途　行道树，园景树。

原产地　福建、广东、华南和西南。

礐石分布　风景区管理局、东湖、塔山、梦之谷、龙泉洞、西湖。

九节 *Psychotria asiatica* Wall.

茜草科 Rubiaceae   九节属

别名　九节木、青龙吐雾、牛屎乌、刀伤木、吹筒管、山大颜、暗山香、大丹叶、山打大刀

特征简介　灌木或小乔木。叶对生，纸质或革质，鲜时稍光亮，干时常暗红色或在下面褐红色而上面淡绿色；侧脉 5~15 对，弯拱向上；聚伞花序通常顶生，多花；花冠白色，喉部被白色长柔毛，花冠裂片近三角形；核果球形或宽椭圆形，有纵棱，红色。花果期全年。

用途　药用。

原产地　广东、广西、云南各地。

礐石分布　塔山、梦之谷、龙泉洞。

蔓九节 *Psychotria serpens* L.

茜草科 Rubiaceae　　九节属

别名　匍匐九节、上树龙、崧筋藤、蜈蚣藤、穿根藤、风不动藤、擒壁龙

特征简介　攀缘或匍匐藤本，常以气根攀附树干或岩石；叶对生，纸质或革质，不同生长时期叶形变化很大；侧脉4~10对；聚伞花序顶生，常三歧分枝，圆锥状或伞房状；花冠白色，花冠裂片长圆形，喉部被白色长柔毛；浆果状核果，具纵棱。花期4~6月，果期全年。

用途　药用。

原产地　浙江、福建、台湾、广东、香港、海南、广西。日本、朝鲜、越南、柬埔寨、老挝、泰国。

碧石分布　塔山、梦之谷、龙泉洞、衔远亭、文苑、西入口。

灰莉 *Fagraea ceilanica* Thunb.

龙胆科 Gentianaceae　　灰莉属

别名　华灰莉、非洲茉莉、华灰莉木

特征简介　乔木，有时附生于其他树上呈攀缘状灌木；叶片稍肉质，叶面深绿色，干后绿黄色；花序梗短而粗；花萼绿色，肉质，干后革质；花冠漏斗状，质薄，稍带肉质，白色，芳香。浆果卵状或近圆球状，淡绿色，有光泽；种子椭圆状肾形。花期4~8月，果期7月至翌年3月。

用途　观赏。

原产地　台湾、海南、广东、广西和云南。印度、斯里兰卡、缅甸、泰国、老挝、越南、柬埔寨、印度尼西亚、菲律宾、马来西亚等。

碧石分布　风景区管理局、塔山、梦之谷、龙泉洞、财政培训中心、第三人民医院、野猪林、广场、绿岛、寻梦台、防火景观台、桃花涧路、焰峰车道。

沙漠玫瑰 *Adenium obesum* (Forssk.) Roem. et Schult

夹竹桃科 Apocynaceae　　沙漠玫瑰属

别名　天宝花、阿拉伯沙漠玫瑰、索马里沙漠玫瑰

特征简介　多肉灌木或小乔木；树干肿胀；单叶互生，集生枝端，全缘，先端钝而具短尖，肉质，近无柄；顶生伞房花序，着花 10 多朵；花冠漏斗状，外面有短柔毛，5 裂，外缘红色至粉红色，中部色浅，裂片边缘波状；种子有白色柔毛。花期 5~12 月。

用途　盆景，药用。

原产地　热带亚热带地区栽培。非洲。

礐石分布　风景区管理局、塔山。

软枝黄蝉 *Allamanda cathartica* L.

夹竹桃科 Apocynaceae　　黄蝉属

特征简介　藤状灌木，具乳汁；叶对生或 3~5 轮生，无毛或下面脉被长柔毛，侧脉平；聚伞花序顶生；花黄色，花冠筒下部圆筒形，上部钟状；蒴果近球形，有刺；种子扁平，边缘膜质或具翅。花期春夏两季，果期冬季。

用途　园景树，药用。

原产地　广西、广东、福建、台湾等地栽培。南美洲。

礐石分布　金山中学。

黄蝉 *Allamanda schottii* (Lour.) Pohl.

夹竹桃科 Apocynaceae　　黄蝉属

特征简介　灌木，具乳汁，枝条灰白色；叶 3~5 枚轮生，叶脉在叶面扁平，在叶背凸起，侧脉每边 7~12 条，未达边缘即行网结；聚伞花序顶生；花橙黄色，花冠筒窄漏斗形，基部膨大，裂片淡黄色；蒴果球形，具长刺。花期 5~8 月，果期 10~12 月。

用途　行道树，园景树。

原产地　台湾、广东、福建、广西、北京有栽培。产巴西。

礐石分布　桃花涧路、焰峰车道。

糖胶树 *Alstonia scholaris* (L.) R. Br.

夹竹桃科 Apocynaceae　　鸡骨常山属

别名　面条树、大枯树、大树理肺散、理肺散、灯台树、鸭脚木、面架木、金瓜南木皮、象皮木、灯架树、黑板树、盆架子

特征简介　乔木，枝轮生；叶 3~8 枚轮生，侧脉密生而平行，近水平横出至叶缘联结；花有特殊气味，密集的聚伞花序，顶生；花白色，内面被柔毛，裂片向左覆盖。菁葖果双生，细长。花期 6~11 月，果期 10 月翌年 4 月。

用途　行道树，园景树，用材。

原产地　广西、云南。东南亚和澳大利亚。

礐石分布　风景区管理局、东湖、塔山、梦之谷、龙泉洞、财政培训中心周围、西湖、广场、绿岛。

长春花 *Catharanthus roseus* (L.) G. Don.

夹竹桃科 Apocynaceae　　长春花属

特征简介　亚灌木，茎近方形，有条纹；叶膜质，叶脉在叶面扁平，在叶背略隆起，侧脉约8对；聚伞花序腋生或顶生；花冠红色，高脚碟状；蓇葖果双生，直立，平行或略叉开；外果皮厚纸质，有条纹，被柔毛；种子黑色，长圆状圆筒形。花期全年。

用途　观赏植物，药用。

原产地　西南、中南及华东等地。非洲东部。

礐石分布　金山中学。

夹竹桃 *Nerium oleander* L.

夹竹桃科 Apocynaceae　　夹竹桃属

别名　红花夹竹桃、欧洲夹竹桃

特征简介　常绿直立大灌木，枝条灰绿色，含水液；嫩枝条具棱，被微毛，老时毛脱落；叶3片轮生，稀对生，革质，侧脉达120对，平行；花芳香，聚伞花序组成伞房状顶生；花冠漏斗状，裂片向右覆盖，紫红色、粉红色、橙红色、黄色或白色，单瓣或重瓣；蓇葖果2，离生；花期几乎全年，夏秋为最盛；果期一般在冬春季。

用途　观赏，药用。

原产地　云南。产伊朗、印度、尼泊尔。

礐石分布　塔山、西入口。

红鸡蛋花 *Plumeria rubra* L.

夹竹桃科 Apocynaceae　　鸡蛋花属

特征简介　落叶小乔木，树皮淡绿色，平滑；叶厚纸质，先端骤尖或渐尖，下面淡绿色，两面无毛，侧脉 30~40 对；聚伞花序顶生；花冠稍淡红或紫红色，基部黄色。蓇葖果双生，长圆形，绿色。花期 3~9 月，果期 6~12 月。

用途　行道树、园景树，经济，药用。

原产地　南美洲、亚洲热带和亚热带地区。

鼓石分布　金山中学、财政培训中心、广场、绿岛。

鸡蛋花 *Plumeria rubra* L.‘Acutifolia’

夹竹桃科 Apocynaceae　　鸡蛋花属

别名　缅栀、三色鸡蛋花

特征简介　落叶小乔木，枝条粗壮，带肉质，具丰富乳汁；叶厚纸质，侧脉两面扁平，每边 30~40 条，未达叶缘网结成边脉；聚伞花序顶生；花冠外面白色，花冠筒外面及裂片外面左边略带淡红色斑纹，花冠内面黄色；蓇葖果双生，圆筒形，绿色。花期 5~10 月，果期 7~12 月。

用途　行道树、园景树，药用。

原产地　广东、广西、云南、福建等地栽培。原产墨西哥。

鼓石分布　金山中学、梦之谷、龙泉洞、桃花涧路、焰峰车道。

羊角拗 *Strophanthus divaricatus* (Lour.) Hook. et Arn.

夹竹桃科 Apocynaceae　羊角拗属

特征简介　灌木，小枝棕褐色或暗紫色，密被灰白色圆形的皮孔，带肉质，具丰富乳汁；叶薄纸质，侧脉通常每边6条，斜曲上升，叶缘前网结；聚伞花序顶生；花黄色，花冠漏斗状，花冠筒淡黄色，下部圆筒状，内面被疏短柔毛；蓇葖广叉开，具纵条纹。花期3~7月，果期6月至翌年2月。

用途　观赏，药用，剧毒。

原产地　贵州、云南、广西、广东、福建。产越南、老挝。

礐石分布　塔山、梦之谷、龙泉洞、防火景观台。

黄花夹竹桃 *Thevetia peruviana* (Pers.) K. Schum.

夹竹桃科 Apocynaceae　黄花夹竹桃属

别名　黄花状元竹、酒杯花、柳木子

特征简介　小乔木或灌木状，小枝下垂；叶革质，线状披针形或线形，侧脉不明显；叶柄长约3mm；花芳香，黄色，花萼裂片绿色，窄三角形，顶端渐尖；核果扁三角状球形；种子淡灰色。花期5~12月，果期8月至翌年春季。

用途　行道树、园景树，药用，剧毒。

原产地　台湾、福建、云南、海南、广西、广东。产美洲热带、西印度群岛及墨西哥。

礐石分布　东湖、塔山。

福建茶 *Carmona microphylla*(Lam.) G. Don

紫草科 Boraginaceae　　基及树属

别名　基及树

特征简介　小乔木；高达3m，或灌木状；多分枝，幼枝疏被短硬毛；叶互生，族生短枝；叶倒卵形或匙形，革质，先端骤尖或圆，基部渐窄楔形下延成短柄，上部叶缘具牙齿，两面疏被短硬毛；聚伞花序腋生或生于短枝；核果近球形，内果皮骨质，具网状纹饰。花果期11月至翌年4月。

用途　观赏植物。

原产地　产于台湾、海南和广东西南部。

碧石分布　风景区管理局、东湖、塔山、财政培训中心、衔远亭、文苑、桃花涧路、焰峰车道。

番薯 *Ipomoea batatas* (L.) Lam.

旋花科 Convolvulaceae　　番薯属

别名　白薯、红苕、红薯、甜薯、山药、地瓜、山芋、朱薯、红山药、金薯、甘薯

特征简介　多年生草质藤本，具乳汁；块根白色、红色或黄色；茎生不定根，匍匐地面；叶宽卵形或卵状心形，先端渐尖，基部心形或近平截，全缘或具缺裂；聚伞花序或组成伞状，苞片披针形，先端芒尖或骤尖；萼片长圆形，先端骤芒尖；花冠粉红色、白色、淡紫色或紫色，钟状或漏斗状，无毛；雄蕊及花柱内藏。

用途　药用植物。

原产地　南美洲；全球各地栽培。

碧石分布　第三人民医院。

五爪金龙 *Ipomoea cairica* (L.) Sweet

旋花科 Convolvulaceae　番薯属

别名　假土瓜藤、黑牵牛、牵牛藤、上竹龙、五爪龙

特征简介　多年生缠绕草本,全体无毛;茎细长,有细棱;叶掌状5深裂或全裂,裂片卵状披针形、卵形或椭圆形,顶端渐尖或稍钝,全缘或不规则微波状;叶柄基部具掌状5裂假托叶;聚伞花序腋生,花梗具小疣状突起;花冠紫红色、紫色或淡红色,漏斗状;子房无毛;蒴果近球形,种子黑色。

用途　药用植物。

原产地　产热带亚洲或非洲。

礐石分布　风景区管理局、东湖、塔山、梦之谷、龙泉洞、财政培训中心、第三人民医院、西湖、广场、绿岛、寻梦台、防火景观台。

牵牛 *Ipomoea nil* (L.) Roth.

旋花科 Convolvulaceae　番薯属

别名　裂叶牵牛、大牵牛花、喇叭花、牵牛花、二牛子

特征简介　一年生草本;茎缠绕;叶宽卵形或近圆形,3(5) 裂,先端渐尖,基部心形;花序腋生,具1至少花;萼片披针状线形,内2片较窄,密被开展刚毛;花冠蓝紫色或紫红色,筒部色淡;雄蕊及花柱内藏;子房3室;蒴果近球形;花期以夏季最盛。

用途　观赏。

原产地　产热带美洲。

礐石分布　风景区管理局、东湖、塔山、梦之谷、龙泉洞、西湖、财政培训中心。

厚藤 *Ipomoea pes-caprae* (L.) R. Brown.

旋花科 Convolvulaceae　番薯属

别名　白花藤、马六藤、走马风、海薯、马蹄草、马鞍藤、海牵牛

特征简介　多年生草本，全株无毛；茎平卧，有时缠绕；叶肉质，干后厚纸质、卵形、椭圆形、圆形、肾形或长圆形，顶端微缺或2裂，裂片圆，裂缺浅或深，基部阔楔形、截平至浅心形；多歧聚伞花序，腋生；萼片厚纸质；花冠紫色或深红色，漏斗状；雄蕊和花柱内藏；蒴果球形，果皮革质，4瓣裂。花期全年不断，以夏季最盛。

用途　滨海观赏植物。

原产地　华南海滨地区常见。

磐石分布　财政培训中心周围、西湖。

苦蘵 *Physalis angulata* L.

茄科 Solanaceae　灯笼果属

特征简介　多年生草本，具匍匐的根状茎；茎直立，不分枝或少分枝，密生短柔毛；叶较厚，阔卵形或心脏形，顶端短渐尖，两面密生柔毛；叶柄密生柔毛；花单独腋生，花萼阔钟状，裂片披针形；花冠阔钟状，黄色而喉部有紫色斑纹，5浅裂边缘有睫毛；花丝及花药蓝紫色；果萼卵球状，薄纸质，淡绿色或淡黄色，被柔毛；浆果成熟时黄色。夏季开花结果。

用途　药用、果实可食。

原产地　产南美洲。全球各地栽培或逸为野生。

磐石分布　东湖。

少花龙葵 *Solanum americanum* Mill.

茄科 Solanaceae   茄属

别名   痣草、衣扣草、古钮子、打卜子、扣子草、古钮菜、白花菜

特征简介   草本植物。叶薄，叶片卵形至卵状长圆形，两面均具疏柔毛，叶柄纤细；花序近伞形，腋外生，纤细，具微柔毛，花小，萼绿色，花冠白色，筒部隐于萼内，花丝极短，花药黄色，长圆形，子房近圆形，花柱纤细。浆果球状，幼时绿色。花果期全年。

用途   药用。

原产地   美洲。华南地区逸为野生。

礐石分布   风景区管理局、梦之谷、龙泉洞。

假烟叶 *Solanum erianthum* D.Don.

茄科 Solanaceae   茄属

别名   大发散、洗碗叶、天蓬草、臭枇杷、酱钗树、臭屎花、土烟叶、野烟叶

特征简介   落叶灌木。树皮灰白色。全株均被星状柔毛，有特殊臭气。叶互生，有时对生，有柄；叶片质厚，宽卵形或椭圆状卵形，先端渐尖，下面密被星状毛。聚伞花序顶生或近顶生，总花梗上面有2分枝；花萼灰绿色，花冠浅钟状，白色，外面被毛。浆果球形，淡黄绿色，基部有宿萼。花期夏、秋季，果期冬季。

用途   药用，观赏。

原产地   原产美洲。西南、华南地区及福建、台湾等逸为野生。

礐石分布   塔山、梦之谷、龙泉洞。

水茄 *Solanum torvum* Swartz

茄科 Solanaceae　　茄属

别名　刺番茄、天茄子、乌凉、青茄、刺茄、野茄子、金衫扣、山颠茄

特征简介　灌木；小枝疏具基部扁的皮刺，尖端稍弯；叶单生或双生，卵形或椭圆形，先端尖，基部心形或楔形，两侧不等，半裂或波状，裂片常5~7，下面中脉少刺或无刺；叶柄具1~2刺或无刺；小枝、叶、叶柄、花序梗、花梗、花萼、花冠裂片均被星状毛；浆果球形，黄色。花果期全年。

用途　药用。

原产地　美洲加勒比地区。西南、华南及福建、台湾等逸为野生。

礜石分布　风景区管理局、东湖、梦之谷、龙泉洞、第三人民医院、西湖。

迎春花 *Jasminum nudiflorum* Lindl.

木樨科 Oleaceae　　茉莉属

别名　重瓣迎春

特征简介　落叶灌木，枝条下垂，小枝无毛，棱上多少具窄翼；叶对生，三出复叶，小枝基部常具单叶；幼叶两面稍被毛，老叶仅叶缘具睫毛；花单生于小枝叶腋，花冠黄色；花萼绿色，呈窄披针形。花期6月。

用途　观赏灌木，药用。

原产地　产甘肃、陕西、四川、云南、西藏。

礜石分布　风景区管理局、塔山、财政培训中心、防火景观台、西入口。

女贞 *Ligustrum lucidum* Ait.

木樨科 Oleaceae   女贞属

别名 大叶女贞、冬青、落叶女贞
特征简介 常绿乔木或灌木；叶片纸质，无毛，
侧脉 7~11 对，相互平行，常与主脉几乎近垂直；
圆锥花序顶生，塔形；雄蕊长达花冠裂片顶部；
果肾形，多少弯曲，成熟时蓝黑或红黑色，被
白粉。花期 5~7 月，果期 7 月至翌年 5 月。
用途 行道树、园景树、药用。
原产地 长江流域、黄河流域各地，华南地区。
礐石分布 寻梦台、防火景观台。

小蜡 *Ligustrum sinense* Lour.

木樨科 Oleaceae   女贞属

别名 山指甲、花叶女贞
特征简介 落叶灌木或小乔木，幼枝被黄色柔
毛，老时近无毛；叶纸质或薄革质，两面疏被
柔毛或无毛，常沿中脉被柔毛；侧脉在叶上面
平或微凹下；圆锥花序顶生或腋生，塔形；花
序轴被较密黄色柔毛或近无毛，基部有叶。花
期 5~6 月，果期 9~12 月。
用途 绿篱、酿酒、药用。
原产地 华南及西南地区、长江流域各地。
礐石分布 风景区管理局、塔山、财政培训中心、
防火景观台、西入口、第三人民医院、西湖。

四季桂 *Osmanthus fragrans* (Thunb.) Lour.

木樨科 Oleaceae 　　　木樨属

特征简介　小灌木，小枝黄褐色，无毛；叶片革质，全缘或通常上半部具细锯齿，侧脉 6~8 对，多达 10 对；花极芳香，花黄白色、淡黄色、黄色或橘红色，聚伞花序簇生于叶腋，或近于帚状，每腋内有花多朵；果歪斜，椭圆形，呈紫黑色；花期 9~10 月上旬，果期翌年 3 月。
用途　行道树、园景树，工业用途，药用。
原产地　中国西南部。
碧石分布　桃花涧路、焰峰车道、风景区管理局、塔山、梦之谷、龙泉洞、财政培训中心。

车前草 *Plantago asiatica* L.

车前科 Plantaginaceae 　　　车前草属

特征简介　一年生或二年生草本。直根长，具多数侧根，多少肉质。根茎短。叶基生呈莲座状，平卧、斜展或直立；叶片纸质，椭圆形、椭圆状披针形，叶柄基部扩大成鞘状。花序梗有纵条纹，疏生白色短柔毛；穗状花序细圆柱状。花萼无毛，花冠白色，无毛。花期 5~7 月，果期 7~9 月。
用途　药用植物。
原产地　全国各地均有分布。
碧石分布　财政培训中心周围。

爆仗竹 *Russelia equisetiformis* Schlecht. et Cham

车前科 Plantaginaceae　　　爆仗竹属

别名　吉祥草、炮仗竹、爆仗花

特征简介　常绿灌木或半灌木，常披散状，全体无毛；茎枝纤细下垂，有纵棱，绿色，在节处轮生，分枝多；叶狭披针形或线形，常退化成小鳞片状，对生或轮生；聚伞花序，花冠长筒形，红色，先端不明显二唇形；雄蕊4，内藏；蒴果球形，室间开裂。花期为5~12月。

用途　观赏植物。

原产地　全国各地栽培。产墨西哥及中美洲。

礐石分布　财政培训中心。

白背枫 *Buddleja asiatica* Lour.

玄参科 Scrophulariaceae　　　醉鱼草属

别名　七里香、驳骨丹、白叶枫

特征简介　直立灌木或小乔木，高1~8m。叶对生，叶片膜质至纸质，全缘或有小锯齿，上面绿色，干后黑褐色，通常无毛，下面淡绿色；总状花序窄而长，由多个小聚伞花序组成，再排列成圆锥花序；花萼钟状或圆筒状；花冠芳香，白色，有时淡绿色，花冠管圆筒状，花冠裂片近圆形，蒴果椭圆状。花期1~10月，果期3~12月。

用途　观赏，药用。

原产地　黄河流域、长江流域及华南、西南地区常见。喜马拉雅南侧、亚洲东南部各区域。

礐石分布　风景区管理局、塔山。

长蒴母草 *Lindernia anagallis* (Burm. f.) Penn.

母草科 Linderniaceae   母草属

别名　长果母草

特征简介　一年生草本；根须状；叶三角状卵形，先端圆钝或急尖，基部平截或近心形，边缘有不明显浅圆齿，叶脉羽状，下部者有短柄；花单生叶腋，花梗无毛，花萼基部联合；花冠白或淡紫色，上唇直立，2浅裂，下唇开展，3裂，裂片近相等，比上唇稍长；雄蕊4，前面2枚在颈部有短棒状附属物；柱头2裂；蒴果线状披针形。花期4~9月，果期6~11月。

用途　药用。

原产地　产亚洲东南部。

磬石分布　梦之谷、龙泉洞、财政培训中心。

旱田草 *Lindernia ruellioides* (Colsm.) Penn.

母草科 Linderniaceae   母草属

特征简介　一年生矮小草本；高达15cm；分枝长蔓，节上生根；叶长圆形或圆形，先端圆钝或急尖，基部宽楔形，边缘具细锯齿，两面有粗涩的短毛或近无毛，叶脉羽状；总状花序顶生，苞片披针状条形，花冠紫红色，上唇直立2裂，下唇开展3裂；花柱有宽扁的柱头；蒴果圆柱形。花期6~9月，果期7~11月。

用途　药用。

原产地　江西、福建、台湾、湖北、湖南、广东、广西等地。

磬石分布　塔山。

狗肝菜 *Dicliptera chinensis* (L.) Juss.

爵床科 Acanthaceae　　狗肝菜属

别名　猪肝菜、麦穗红、羊肝菜

特征简介　草本；茎外倾或上升，具6条钝棱和浅沟，节常膨大膝曲状；叶卵状椭圆形；花序腋生或顶生，总苞片宽倒卵形或近圆形，稀披针形，被柔毛；花萼裂片钻形，长约4mm；花冠淡紫红色，外面被柔毛，上唇宽卵状近圆形，全缘，有紫红色斑点，下唇长圆形；蒴果被柔毛。花期10~11月。

用途　药用，食用。

原产地　华南地区。孟加拉国、印度东北部。

礐石分布　风景区管理局、梦之谷、龙泉洞、财政培训中心。

金苞花 *Pachystachys lutea* Nees

爵床科 Acanthaceae　　金苞花属

别名　黄虾花

特征简介　常绿草本；叶长圆形或披针形，有光泽，先端渐尖，基部通常楔形，下面主脉被微柔毛，几乎无柄；顶生穗状花序由密、短的总花梗组成，苞片膜质，卵形，下部的近心形，锐尖，排成4行；小苞片披针形或匙形，与花萼等长，锐尖，先端几具微齿；花冠黄色，艳丽。花期6~8月。

用途　观赏植物。

原产地　华南地区常见栽培。墨西哥和秘鲁。

礐石分布　风景区管理局。

蓝花草 *Ruellia simplex* C. Wright

爵床科 Acanthaceae　　芦莉草属

别名　翠芦莉、兰花草

特征简介　茎下部叶有稍长柄,叶片线状披针形,全缘或边缘具疏锯齿;总状花序数个组成圆锥花序,花腋生,花径 3~5cm,花冠漏斗状,5 裂,紫色、粉色或白色,具放射状条纹,细波浪状;一般清晨开放,午后凋谢。花期 10~11 月。

用途　观赏植物。

原产地　华南地区常见栽培。墨西哥。

峇石分布　梦之谷、龙泉洞。

金脉爵床 *Sanchezia speciosa* J. Leo.

爵床科 Acanthaceae　　金脉爵床属

别名　金脉单药花、黄脉爵床、斑马爵床

特征简介　常绿灌木;高达 1~2m,茎鲜红色;叶对生,长椭圆形,顶端渐尖或尾尖,叶缘有钝锯齿,深绿色,中脉黄色,侧脉乳白色至黄色,叶色鲜明清丽;叶柄长 1~2.5cm;穗状花序顶生,苞片橙红色,长 1.5cm,宽 8mm;花黄色,管状,长达 5cm;雄蕊 4,花丝细长;花柱细长,伸出冠外。

用途　观赏植物。

原产地　产厄瓜多尔、巴西。

峇石分布　风景区管理局。

黄花风铃木 *Handroanthus chrysanthus* (Jacq.) S.O.Grose

紫葳科 Bignoniaceae   风铃木属

别名 黄钟木、巴西风铃木、黄金风铃木
特征简介 落叶或半常绿乔木，高4~6m。树干直立，树冠圆伞形。掌状复叶对生，小叶 4~5 枚，倒卵形，有疏锯齿，被褐色细茸毛。花冠漏斗形，风铃状，皱曲，花色鲜黄，颇为美丽。蒴葖果，向下开裂，种子有茸毛。花期2~4 月。
用途 观赏植物。
原产地 华南地区广泛栽培。美洲。
礐石分布 金山中学。

千张纸 *Oroxylum indicum* (L.) Benth. ex Kurz.

紫葳科 Bignoniaceae   木蝴蝶属

别名 朝筒、海船、土黄柏、木蝴蝶、王蝴蝶、破故纸
特征简介 乔木；花萼钟状，紫色，膜质，果期近木质，光滑，顶端平截，具小苞片；花冠紫红色，肉质，檐部下唇 3 裂，上唇 2 裂，裂片微反折，傍晚开花，有臭味；蒴果木质，垂悬树梢，2 瓣裂；种子周翅纸质，称千张纸。花期7~10 月，果期10月至翌年 2 月。
用途 观赏。
原产地 福建、台湾、广东、广西、四川、贵州及云南等地栽培。
礐石分布 梦之谷、龙泉洞。

炮仗花 *Pyrostegia venusta* (Ker-Gawl.) Miers

紫葳科 Bignoniaceae　　炮仗花属

别名　黄鳝藤、鞭炮花
特征简介　藤本，具有 3 叉丝状卷须。叶对生；雄蕊着生于花冠筒中部，花丝丝状，花药叉开。子房圆柱形，密被细柔毛，花柱细，柱头舌状扁平，花柱与花丝均伸出花冠筒外。果瓣革质，舟状，内有种子多列，种子具翅。花期 1~6 月。
用途　绿篱，垂直绿化。
原产地　南方地区广泛栽培。南美洲。
礐石分布　风景区管理局、塔山、财政培训中心。

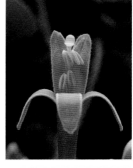

海南菜豆树 *Radermachera hainanensis* Merr.

紫葳科 Bignoniaceae　　菜豆树属

别名　大叶牛尾林、牛尾林、大叶牛尾连、绿宝、幸福树
特征简介　小乔木；二（稀三）回羽状复叶，对生，叶轴长约30cm；小叶卵形或卵状披针形，先端尾尖，基部宽楔形，全缘，两面无毛；苞片线状披针形，早落；花萼蕾时锥形、卵状披针形；花冠钟状漏斗形，白色或淡黄色；蒴果下垂，圆柱形，稍弯曲，多沟纹，渐尖，果皮薄革质，隔膜细圆柱形，微扁。花期 5~9 月，果期 10~12 月。
用途　行道树，园景树。
原产地　广东、海南、云南。
礐石分布　风景区管理局、东湖、塔山、财政培训中心、第三人民医院。

火焰树 *Spathodea campanulata* Beauv.

紫葳科 Bignoniaceae　　　火焰树属

别名　火焰木、火烧花、喷泉树、苞萼木

特征简介　落叶乔木；一至二回羽状复叶，叶椭圆形或倒卵形，先端渐尖，基部圆，全缘，下面脉上被柔毛；叶柄短，被微柔毛；花序轴被褐色微柔毛；苞片披针形，花萼佛焰苞状，被茸毛；花冠一侧膨大，基部细筒状，檐部近钟状，橘红色，具紫红色斑点，内有突起条纹，裂片5；柱头卵圆状披针形，2裂；蒴果黑褐色；种子具周翅，圆形。花期4~5月。

用途　观赏植物。

原产地　华南地区广泛栽培。非洲。

礐石分布　金山中学。

假连翘 *Duranta erecta* L.

马鞭草科 Verbenaceae　　　假连翘属

别名　金露花、篱笆树、花墙刺、洋刺、番仔刺、莲荞

特征简介　灌木；高达3m；枝被皮刺；叶卵状椭圆形或卵状披针形，长2~6.5cm，先端短尖或钝，基部楔形，全缘或中部以上具锯齿，被柔毛；叶柄长约1cm，被柔毛；总状圆锥花序；花萼管状，被毛，5裂，具5棱；花冠蓝紫色，稍不整齐，5裂，裂片平展，内外被微毛；核果球形，无毛，径约5mm，红黄色。花果期5~10月，在南方可为全年。

用途　绿篱，灌木球，盆栽观赏。

原产地　产热带美洲。

礐石分布　风景区管理局、东湖、塔山、梦之谷、龙泉洞。

花叶假连翘 *Duranta erecta* L. 'Variegata'

马鞭草科 Verbenaceae　　假连翘属

特征简介　灌木；高达 3m；枝被皮刺；叶卵状椭圆形或卵状披针形，先端短尖或钝，基部楔形，叶片上有黄白色条纹。总状圆锥花序；花萼管状，5 裂；花冠蓝紫色，稍不整齐，5 裂，裂片平展，内外被微毛；核果球形，无毛，径约5mm，红黄色，为宿萼包被。花期长，从 4 月至 12 月陆续有花开放。

用途　观赏。

原产地　热带美洲。中国南方广泛栽培。

礐石分布　风景区管理局、第三人民医院。

金叶假连翘 *Duranta erecta* L. 'Golden Leaves'

马鞭草科 Verbenaceae　　假连翘属

特征简介　灌木；枝被皮刺；叶卵状椭圆形或卵状披针形，先端短尖或钝，基部楔形，全缘或中部以上具锯齿，被柔毛；叶片黄色，尤其以新叶为甚。总状圆锥花序；花萼管状，被毛；花冠蓝紫色，稍不整齐，5 裂；核果球形，无毛，径约5mm，红黄色，为宿萼包被。花果期5~10 月。

用途　观赏。

原产地　南美热带。华南地区广泛栽培。

礐石分布　第三人民医院、广场、绿岛、寻梦台、防火景观台、西入口、桃花涧路、焰峰车道。

马缨丹 *Lantana camara* L.

马鞭草科 Verbenaceae　　马缨丹属

别名　七变花、如意草、臭草、五彩花、五色梅

特征简介　灌木或蔓性灌木；茎枝常被倒钩状皮刺；叶卵形或卵状长圆形，具钝齿，上面具触纹及短柔毛，下面被硬毛，侧脉约 5 对；花序梗粗，长于叶柄；苞片披针形；花萼管状，具短齿；花冠黄色或橙黄色，花后深红色；果球形，径约 4mm，紫黑色。全年开花。

用途　观赏，药用。

原产地　美洲热带地区。全球各地逸为野生。

礐石分布　风景区管理局、财政培训中心、东湖、塔山、第三人民医院、西湖、野猪林、寻梦台、西入口。

蔓马缨丹 *Lantana montevidensis* Briq.

马鞭草科 Verbenaceae　　马缨丹属

别名　紫花马樱丹、紫花马缨丹

特征简介　灌木；枝下垂，被柔毛。叶卵形，长约2.5cm，基部突然变狭，边缘有粗牙齿。头状花序直径约2.5cm，具长总花梗；花长约1.2cm，淡紫红色；苞片阔卵形，长不超过花冠管的中部。花期为全年。

用途　观赏植物。

原产地　产南美洲。

礐石分布　梦之谷、龙泉洞、桃花涧路、焰峰车道。

枇杷叶紫珠 *Callicarpa kochiana* Makino

唇形科 Lamiaceae　　紫珠属

别名　山枇杷、野枇杷、长叶紫珠、劳来氏紫珠、黄毛紫珠

特征简介　灌木；叶长椭圆形、卵状椭圆形或长椭圆状披针形，长12~22cm，先端渐尖，基部楔形，具细锯齿，上面脉被毛，下面密被黄褐色星状毛及分枝茸毛；花序3~5歧分枝，径3~6cm，花序梗长1~2cm；核果或浆果状，球形，为宿萼全包。花期7~8月，果期9~12月。

用途　观赏植物。

原产地　台湾、福建、广东、浙江、江西、湖南、河南、四川。

礐石分布　塔山。

臭牡丹 *Clerodendrum bungei* Steud.

唇形科 Lamiaceae　　大青属

别名　臭八宝、臭梧桐、矮桐子、大红袍、臭枫根

特征简介　灌木；小枝稍圆，皮孔显著；叶宽卵形或卵形，长8~20cm，先端尖，基部宽楔形、平截或心形，具锯齿，两面疏被柔毛；伞房状聚伞花序密集成头状；苞片披针形；花萼被柔毛及腺体，裂片三角形；花冠淡红色或紫红色，冠筒长2~3cm，裂片倒卵形，长5~8mm；核果近球形，径0.6~1.2cm，蓝黑色。花果期3~11月。

用途　观赏，药用。

原产地　华南、西南地区常见。

礐石分布　金山中学。

灰毛大青 *Clerodendrum canescens* Wall. ex Walp.

唇形科 Lamiaceae   大青属

别名　毛赪桐、人瘦木、狮子球、六灯笼、粘毛贞桐、灰毛臭茉莉、毛贞桐、大花灯笼

特征简介　灌木；幼枝稍四棱，密被长柔毛；叶心形或宽卵形，先端渐尖，基部心形或近平截，具齿，两面被长柔毛；聚伞花序密集成头状顶生；苞片卵形或椭圆形；花萼具5棱，疏被腺点，5深裂，裂片卵形或宽卵形，边缘重叠；花冠白色或淡红色，被柔毛，深蓝色至黑色，裂片倒卵状长圆形，宿萼包被；核果近球形。花果期4~10月。

用途　药用。

原产地　华南、西南地区。

碧石分布　梦之谷、龙泉洞、防火景观台。

白花灯笼 *Clerodendrum fortunatum* L.

唇形科 Lamiaceae   大青属

别名　苦灯笼、鬼灯笼、灯笼草、白花鬼灯笼

特征简介　灌木；叶长椭圆形或倒卵状披针形，先端渐尖，基部楔形，全缘或波状，下面密被黄色腺点，沿脉被柔毛；聚伞花序腋生，具花3~9朵，苞片线形；花萼紫红色，具5棱，膨大，疏被柔毛，5深裂，裂片宽卵形；花冠淡红色或白色带紫，被毛，裂片长圆形；核果近球形，深蓝绿色，径约5mm，为宿萼所包。花果期6~11月。

用途　药用。

原产地　广西、海南、广东、福建和江西。

碧石分布　梦之谷、龙泉洞、衔远亭、文苑、野猪林、寻梦台、防火景观台。

烟火树 *Clerodendrum quadriloculare* (Blanco) Merr.

唇形科 Lamiaceae   大青属

别名　星烁山茉莉、烟火木

特征简介　常绿灌木；幼枝方形，墨绿色；叶对生，长椭圆形，表面深绿色，背面暗紫红色；聚伞状圆锥花序顶生，小花多数，紫红色，花冠细高脚杯形，先端5裂，裂片内侧白色；浆果状核果椭圆形，紫色，宿存萼片红色。花期冬至春季，达半年之久。

用途　观赏。

原产地　菲律宾等地。华南地区栽培。

碧石分布　金山中学。

风轮菜 *Clinopodium chinense* (Benth.) O. Ktze.

唇形科 Lamiaceae　　**风轮菜属**

别名　野薄荷、山薄荷、九层塔、苦刀草、野凉粉藤

特征简介　多年生草本，基部匍匐，具细纵纹，密被短柔毛及腺微柔毛；叶卵形，基部圆或宽楔形，具圆齿状锯齿；轮伞花序具多花，半球形，苞片多数，针状；花萼窄管形，带紫红色，上唇3齿长三角形，稍反折，下唇2齿直伸，具芒尖，花冠紫红色，上唇先端微缺，下唇3裂；小坚果黄褐色，倒卵球形。花期5~8月，果期8~10月。

用途　药用。

原产地　全国各地草地和农田旁分布。

礐石分布　风景区管理局。

瘦风轮菜 *Clinopodium multicaule* (Maxim.) Kuntze

唇形科 Lamiaceae　　**风轮菜属**

别名　细风轮菜、瘦风轮、小叶仙人草、苦草、野薄荷、臭草、假韩酸草、野凉粉草、细密草

特征简介　一年生草本，高10~30cm。形态与上种近似，唯茎细而柔软，单一，稀分枝，无显著的四棱。叶对生，叶片小，卵形，先端较钝，基部圆或广楔形，边缘呈锯齿状。小花呈竖状排列，上层与下层密接，整个花序上小下大，宛如宝塔，花冠唇形淡红色，萼外面脉上有短毛。花期6~8月，果期8~10月。

用途　药用。

原产地　安徽、江苏、浙江、江西、湖北、福建、广东。

礐石分布　风景区管理局。

彩叶草 *Coleus hybridus* Hort. ex Cob.

唇形科 Lamiaceae　　**鞘蕊花属**

特征简介　直立或上升草本，茎四棱形，通常紫色；叶大小、形状变异很大，通常卵圆形，边缘有圆齿，色泽多样，有黄色、暗红色，紫色及绿色；轮伞花序多花，多数密集排列成长5~10cm、宽3~8cm的简单或分枝的圆锥花序，花萼钟形，花冠淡紫色、蓝色，冠檐二唇形，上唇短，直立，4裂，下唇较长，内凹，舟状；小坚果。花期8~9月。

用途　观赏。

原产地　印度及东南亚。华南地区广泛栽培。

礐石分布　海滨。

石梓 *Gmelina chinensis* Benth.
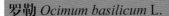

唇形科 Lamiaceae　　　石梓属

特征简介 乔木；高达 12m，树皮灰色，幼枝被黄褐色茸毛，后脱。叶卵形或卵状椭圆形，先端渐尖，基部楔全缘，上面无毛，下面灰白色被毛及腺点；聚伞圆锥花序顶生；花萼钟状，平截或具 4 小尖头，密被灰色短茸毛及黑色盘状腺点；花冠漏斗状，淡粉红色或白色，裂片宽卵形；果倒卵圆形。花期 4~5 月，果期 8 月。

用途 用材，药用，绿化。

原产地 福建、广东、广西、贵州。

礐石分布 焰峰车道。

罗勒 *Ocimum basilicum* L.

唇形科 Lamiaceae　　　罗勒属

别名 兰香、香草、九层塔、小叶薄荷、薄荷树、茹香、九重塔、香叶草、香荆芥、胡椒菜

特征简介 茎直立，钝四棱形，上部微具槽，基部无毛，上部被倒向微柔毛，绿色，常染有红色，多分枝。叶卵圆形至卵圆状长圆形，先端微钝或急尖，基部渐狭，边缘具不规则牙齿或近于全缘，两面近无毛，下面具腺点，侧脉 3~4 对，与中脉在上面平坦下面多少明显；叶柄伸长，被微柔毛。总状花序顶生于茎、枝上，各部均被微柔毛。花期通常 7~9 月。

用途 药用，食用，芳香植物。

原产地 全球各地栽培。非洲、美洲及亚洲热带地区。

礐石分布 风景区管理局、财政培训中心。

一串红 *Salvia splendens* Ker-Gaw.

唇形科 Lamiaceae　　　鼠尾草属

别名 爆仗红、炮仔花、墙下红、象牙红

特征简介 草本或亚灌木状。茎钝四棱形，具浅槽，无毛；叶卵形或三角状卵形；叶柄无毛；轮伞花序 2~6 花组成顶生总状花序；花梗密被染红的具腺柔毛，花序轴被微柔毛；花萼钟形，红色，二唇形，上唇三角状卵圆形，先端具小尖头，下唇比上唇略长，深 2 裂，裂片三角形，先端渐尖；小坚果暗褐色。花期 9~10 月。

用途 观赏。

原产地 产巴西、南美洲。

礐石分布 梦之谷、龙泉洞。

柚木 *Tectona grandis* L. f.

唇形科 Lamiaceae　　柚木属

别名　紫油木、脂树

特征简介　大乔木；小枝被灰黄色或灰褐色星状茸毛；叶卵状椭圆形或倒卵形，基部楔形下延，下面密被灰褐色或黄褐色茸毛，叶柄粗；花有香味，花萼筒被白色星状茸毛；花冠白色，裂片被毛及腺点；果球形，径 1.2~1.8cm，深褐色，被细茸毛。花期 8 月，果期 10 月。

用途　药用植物。

原产地　产东南亚。云南、广东、广西、福建、台湾等地普遍引种。

礐石分布　风景区管理局。

黄荆 *Vitex negundo* L.

唇形科 Lamiaceae　　牡荆属

特征简介　小乔木或灌木状。小枝密被灰白色茸毛；掌状复叶，小叶 3 或 5；小叶长圆状披针形或披针形，先端渐尖，基部楔形，全缘或具少数锯齿，下面密被茸毛；聚伞圆锥花序，花序梗密被灰色茸毛；花萼钟状，具 5 齿；花冠淡紫色，被茸毛，5 裂，二唇形；雄蕊伸出花冠；核果近球形。花期 4~5 月，果期 6~10 月。

用途　药用。

原产地　产中国。

礐石分布　财政培训中心。

牡荆 *Vitex negundo* var. *cannabifolia* (Sieb.et Zucc.) Hand.-Mazz

唇形科 Lamiaceae　　牡荆属

特征简介　落叶灌木或小乔木；小枝四棱形；茎皮可供纤维，茎叶、种子、根入药，花、枝叶可提取芳香油；叶对生，掌状复叶，小叶 5，少有 3；小叶片披针形或椭圆状披针形，顶端渐尖，基部楔形，边缘有粗锯齿，表面绿色，背面淡绿色，通常被柔毛；圆锥花序顶生，花冠淡紫色；果实近球形，黑色。花期 6~7 月，果期 8~11 月。

用途　药用。

原产地　华南、西南地区。

礐石分布　西入口。

梅叶冬青 *Ilex asprella* (Hook. et Arn.) Champ. ex Benth

冬青科 Aquifoliaceae　　冬青属

别名　称星树、岗梅

特征简介　落叶灌木，可高达3m。有长枝及短枝，长枝纤细，小枝光滑无毛，绿色具明显的白色皮孔，干后褐色。叶卵状椭圆形或卵形，互生，膜质或纸质，表面绿色、深绿色至黄绿色，背面浅绿色，背有细腺点，花瓣互生，近圆形。果为核果，球形或椭圆形，外有纵沟，成熟时黑色。

用途　根可入药。

原产地　东南部、台湾。菲律宾、琉球群岛等。

碧石分布　塔山、梦之谷、龙泉洞、衔远亭、文苑、野猪林、寻梦台、西入口。

毛冬青 *Ilex pubescens* Hook. et Arn.

冬青科 Aquifoliaceae　　冬青属

特征简介　常绿灌木或小乔木，高3~4m。小枝纤细，近四棱形，灰褐色，密被长硬毛，具纵棱脊。叶生于1~2年生枝上，叶片纸质或膜质，椭圆形或长卵形。花序簇生于1~2年生枝的叶腋内，密被长硬毛。果球形，直径约4mm，成熟后红色，内果皮革质或近木质。花期4~5月，果期8~11月。

用途　入药可清热解毒、活血通络。

原产地　中国安徽、浙江、江西、福建、台湾、广东、海南、香港、广西和贵州。

碧石分布　塔山。

藿香蓟 *Ageratum conyzoides* L.

菊科 Asteraceae　　藿香蓟属

别名　臭草、胜红蓟

特征简介　一年生草本，全部茎枝淡红色，或上部绿色。叶对生，有时上部互生；全部叶基出三脉或不明显五出脉，边缘圆锯齿，两面被短柔毛且有黄色腺点；头状花序在茎顶排成紧密的伞房状花序；花冠淡紫色，檐部5裂；瘦果黑褐色，5棱，有白色稀疏细柔毛。花果期全年。

用途　药用。

原产地　广东、广西、云南、贵州、四川、江西、福建有栽培。产非洲、印度、印度尼西亚、老挝、柬埔寨、越南。

碧石分布　第三人民医院、野猪林、防火景观台。

钻形紫菀 *Symphyotrichum subulatum* (Michx.) G. L. Nesom

菊科 Asteraceae   紫菀属

别名   土柴胡、剪刀菜、燕尾菜

特征简介   一年生草本，茎基部略带红色，上部有分枝；叶互生，无柄；基部叶倒披针形，花期凋落；中部叶先端尖或钝，上部叶渐狭线形。头状花序，多数在茎顶端排成圆锥状；舌状花细狭、小、红色；管状花多数，短于冠毛；瘦果略有毛。花期 9~11 月。

用途   药用。

原产地   江苏、浙江、江西、湖南。产北美洲。

礐石分布   风景区管理局、东湖、塔山、西湖。

鬼针草 *Bidens pilosa* L.

菊科 Asteraceae   鬼针草属

别名   蟹钳草、粘人草、引线包、豆渣草、盲肠草

特征简介   一年生草本，茎直立，钝四棱形，无毛或上部被极稀疏的柔毛。茎下部叶较小，中部叶具长 1.5~5cm 无翅的柄，基部近圆形或阔楔形，上部叶小，条状披针形。头状花序直径 8~9mm，有花序梗。总苞基部被短柔毛，苞片 7~8 枚，条状匙形，上部稍宽，草质，外层托片披针形，果时长 5~6mm，条状披针形。无舌状花，盘花筒状，冠檐 5 齿裂。瘦果黑色，条形，略扁，具棱，顶端芒刺 3~4 枚，具倒刺毛。

用途   药用。

原产地   华东、华中、华南、西南各地。亚洲和美洲的热带和亚热带。

礐石分布   风景区管理局、东湖、西湖、梦之谷、龙泉洞、财政培训中心、第三人民医院、衔远亭、文苑、野猪林、寻梦台。

白花鬼针草 *Bidens pilosa* L. var. *radiata* Sch.-Bip

菊科 Asteraceae   鬼针草属

别名   粘人草、铁包针

特征简介   一年生草本，茎直立，钝四棱形。茎下部叶较小，3 裂或不分裂；上部叶小，3 裂或不分裂；头状花序边缘具舌状花 5~7 枚，舌片椭圆状倒卵形，白色，先端钝或有缺刻；瘦果黑色，条形，略扁，具棱。花期 4~5 月（有时不定期开花），果期 7~9 月。

用途   药用。

原产地   华东、华中、华南、西南地区。亚洲和美洲的热带和亚热带。

礐石分布   风景区管理局、东湖、西湖、梦之谷、龙泉洞、财政培训中心、第三人民医院、衔远亭、文苑、野猪林、寻梦台。

加拿大蓬 *Erigeron canadensis* L.

菊科 Asteraceae   飞蓬属

别名 小飞蓬、飞蓬、小蓬草、小白酒草、蒿子草

特征简介 一年生草本，茎直立，多少具棱，有条纹，被疏长硬毛，上部多分枝；叶密集，基部叶花期常枯萎，基部渐狭成柄，边缘具疏锯齿或全缘，中部和上部叶较小，全缘或少有具 1~2 个齿，两面或仅上面被疏短毛边缘常被上弯的硬缘毛；头状花序多数，排列成顶生多分枝的大圆锥花序；瘦果线状披针形。花期 5~9 月。

用途 药用。

原产地 南北各地。产北美洲。

磐石分布 金山中学。

大丽花 *Dahlia pinnata* Cav.

菊科 Asteraceae   大丽花属

别名 大理花、大丽菊、地瓜花、洋芍药、苕菊、西番莲、天竺牡丹

特征简介 多年生草本，茎直立，多分枝，粗壮；叶 1~3 回羽状全裂，上部叶有时不分裂，下面灰绿色，两面无毛；头状花序大，有长花序梗，常下垂。舌状花白色，红色，或紫色；管状花黄色；瘦果长圆形，黑色，扁平，有 2 个不明显的齿。花期 6~12 月，果期 9~10 月。

用途 观赏，药用。

原产地 墨西哥；全球各地栽培。

磐石分布 金山中学。

野菊 *Chrysanthemum indicum* L.

菊科 Asteraceae   菊属

特征简介 多年生草本，有地下长或短匍匐茎，茎枝被稀疏的毛，上部及花序枝上的毛稍多或较多；基生叶和下部叶花期脱落，中部茎叶羽状半裂、浅裂或分裂不明显而边缘有浅锯齿，两面有稀疏的短柔毛；头状花序多数在茎枝顶端排成疏松的伞房圆锥花序或少数在茎顶排成伞房花序；舌状花黄色。花期 6~11 月。

用途 观赏，药用。

原产地 东北、华北、华中、华南及西南地区。产印度、日本、朝鲜。

磐石分布 金山中学。

白花地胆草 *Elephantopus tomentosus* L.

菊科 Asteraceae　　地胆草属

别名　牛舌草

特征简介　多年生草本，茎多分枝，被白色开展长柔毛，具腺点；叶散生茎上，基生叶花期常凋萎，叶均有小尖锯齿，稀近全缘，上面被柔毛，下面被密长柔毛和腺点；头状花序在茎枝顶端密集成团球状复头状花序，花4个，花冠白色，漏斗状，管部细，无毛；瘦果长圆状线形，具10条肋，被短柔毛。花期8月至翌年5月。

用途　药用。

原产地　华南、西南地区常见。

礐石分布　梦之谷、龙泉洞。

小一点红 *Emilia prenanthoidea* DC.

菊科 Asteraceae　　一点红属

别名　耳挖草、细红背叶

特征简介　一年生草本，茎无毛或被疏短毛；基部叶小，基部渐狭成长柄，中部茎叶顶端钝或尖，无柄，抱茎，上部叶小线状披针形；头状花序在茎枝端排列成疏伞房状；总苞圆柱形或狭钟形，基部无小苞片；小花花冠红色或紫红色，管部细，檐部5齿裂，裂片披针形；花柱分枝顶端增粗；瘦果圆柱形，具5肋，无毛。花果期5~10月。

用途　药用。

原产地　云南、贵州、广东、广西、浙江、福建。产印度及中南半岛。

礐石分布　风景区管理局、塔山。

一点红 *Emilia sonchifolia* (L.) DC.

菊科 Asteraceae　　一点红属

别名　紫背叶、红背果、片红青、叶下红、红头草、野木耳菜、羊蹄草、红背叶

特征简介　一年生草本，茎常基部分枝，无毛或疏被短毛；下部叶密集，大头羽状分裂，下面常变紫色，两面被卷毛；中部叶疏生，无柄，基部箭状抱茎，全缘或有细齿；头状花序，花前下垂，花后直立，常2~5排成疏伞房状，花序梗无苞片；小花粉红或紫色；瘦果圆柱形，肋间被微毛。花果期7~10月。

用途　药用。

原产地　产云南、贵州、四川、湖北、湖南、江苏、浙江、安徽、广东、海南等地。

礐石分布　梦之谷、龙泉洞。

林泽兰 *Eupatorium lindleyanum* DC.

菊科 Asteraceae   泽兰属

别名 尖佩兰

特征简介 多年生草本，茎下部及中部红色或淡紫红色，全部茎枝被稠密的白色长或短柔毛；下部茎叶花期脱落，全部茎叶基出三脉，边缘有深或浅犬齿，无柄或几乎无柄；头状花序多数在茎顶或枝端排成紧密的伞房花序；花白色、粉红色或淡紫红色，外面散生黄色腺点；瘦果黑褐色，椭圆状，5棱，散生黄色腺点。花果期5~12月。

用途 药用。

原产地 除新疆未见记录外，遍布全国各地。朝鲜、日本。

磐石分布 金山中学。

白子菜 *Gynura divaricata* (L.) DC.

菊科 Asteraceae   菊三七属

别名 白背菜、菊三七、富贵菜、白背三七、散血姜、土田七、茹童菜

特征简介 多年生草本，茎无毛或被柔毛，稍带紫色；叶通常集生茎下部，基部楔状下延成柄，边缘具粗齿，有时提琴状裂，稀全缘，下面带紫色；侧脉3~5对，干时呈黑线，两面被柔毛；花芳香，头状花序3~5排成疏伞房状圆锥花序，小花橙黄色，略伸出总苞；瘦果圆柱形，褐色，被微毛。花果期8~10月。

用途 药用，食用。

原产地 广东、海南、香港、云南。越南。

磐石分布 东湖。

微甘菊 *Mikania micrantha* H. B. K

菊科 Asteraceae   假泽兰属

别名 薇甘菊

特征简介 多年生草质或木质藤本，茎细长，匍匐或攀缘，多分枝。叶对生，边缘有锯齿，两面无毛，基出3~7脉；圆锥花序顶生或侧生，复花序聚伞状分枝；头状花序小，花冠白色；瘦果黑色，有粒状突起物；冠毛鲜时白色。花期11月至翌年2月（有时不定期开花），果期1~2月。

用途 药用。

原产地 华南地区严重的入侵植物。产加勒比海、中南美洲和墨西哥。

磐石分布 风景区管理局、财政培训中心、西湖、野猪林、寻梦台。

177

银胶菊 *Parthenium hysterophorus* L.

菊科 Asteraceae　　　　银胶菊属

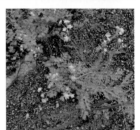

特征简介　一年生草本，茎多分枝，具条纹，被短柔毛；下部和中部叶二回羽状深裂，上面被疏糙毛，下面的毛较密而柔软；上部叶无柄，羽裂；头状花序多数，在茎枝顶端排成开展的伞房花序，被粗毛；舌状花1层，5个，白色。管状花多数，檐部4浅裂；雌花瘦果倒卵形，基部渐尖，干时黑色，被疏腺点。花期4~10月。

用途　观赏，药用。

原产地　广东、广西、贵州、云南。产美洲热带地区及越南北部。

礐石分布　风景区管理局、西湖。

翼茎阔苞菊 *Pluchea sagittalis* (Lam.) Cab.

菊科 Asteraceae　　　　阔苞菊属

特征简介　多年生直立草本，全株具浓厚的芳香气味；枝条密被茸毛；叶互生，两面疏被腺毛，边缘具锯齿；头状花序盘状，具异形小花；外层雌花多数，花冠白色，顶端3浅裂；瘦果棕色，圆柱形，具5肋；中央两性花50~60枚，花冠白色，顶端渐紫；瘦果退化为环状。花果期3~10月。

用途　药用。

原产地　华南地区逸为野生。南美洲。

礐石分布　西湖。

千里光 *Senecio scandens* Buch.-Ham. ex D. Don.

菊科 Asteraceae　　　　千里光属

别名　蔓黄菀、九里明

特征简介　多年生攀缘草本，茎多分枝，被柔毛或无毛；叶边缘常具齿，稀全缘，有时具细裂或羽状浅裂，近基部具1~3对较小侧裂片；侧脉7~9对；头状花序有舌状花，排成复聚伞圆锥花序；管状花多数，花冠黄色；瘦果圆柱形，被柔毛。花期8月至翌年4月。

用途　观赏，药用。

原产地　华南、西南地区和长江流域、黄河流域各地。印度、尼泊尔、不丹、缅甸、泰国及中南半岛。

礐石分布　金山中学。

豨莶 *Sigesbeckia orientalis* L.

菊科 Asteraceae   豨莶属

别名 粘糊菜、虾柑草

特征简介 一年生草本，茎分枝被灰白色柔毛，茎中部叶边缘有浅裂或粗齿，下面淡绿，具腺点，两面被毛，基脉3出；头状花序，多数聚生枝端，排成具叶圆锥花序；瘦果倒卵圆形，有4棱，顶端有灰褐色环状突起。花期4~9月，果期6~11月。

用途 药用。

原产地 华南、西南地区和长江流域、黄河流域各地。俄罗斯、朝鲜、日本，欧洲、东南亚。

磐石分布 风景区管理局。

夜香牛 *Cyanthillium cinereum* (L.) H. Rob.

菊科 Asteraceae   铁鸠菊属

别名 缩盖斑鸠菊、染色草、伤寒草、消山虎、假咸虾花、寄色草、小花夜香牛

特征简介 一年生或多年生草本，枝被灰色贴生柔毛，具腺；下部和中部叶具柄；侧脉3~4对，上面被疏毛，下面沿脉被柔毛，两面均有腺点；头状花序多数在枝端成伞房状圆锥花序，花序梗细长，被密柔毛；花淡红紫色；瘦果圆柱形，被密白色柔毛和腺点。花期全年。

用途 药用。

原产地 广东、广西、台湾等地。印度至中南半岛、日本、印度尼西亚及非洲。

磐石分布 金山中学。

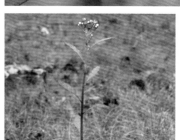

茄叶斑鸠菊 *Strobocalyx solanifolia* (Benth.) Schultz

菊科 Asteraceae   铁鸠菊属

别名 茄叶咸虾花、咸虾花、大过山龙

特征简介 直立灌木或小乔木，枝被密茸毛；叶具柄，侧脉7~9对，细脉稍平行，网状，上面粗糙，被疏硬短毛，有腺点，下面被淡黄色密茸毛；头状花序在枝顶排成具叶复伞房花序；花芳香，花冠管状，粉红或淡紫色；瘦果具4~5棱，无毛。花期11月至翌年4月。

用途 药用。

原产地 广东、广西、福建、云南。产印度、缅甸、越南、老挝、柬埔寨。

磐石分布 财政培训中心周围。

三裂叶蟛蜞菊 *Sphagneticola trilobata* (L.) Prusk.

菊科 Asteraceae　　蟛蜞菊属

别名　穿地龙、地锦花、南美蟛蜞菊、三裂蟛蜞菊
特征简介　多年生草本；叶对生、具齿，椭圆形、长圆形或线形，呈三浅裂，叶面富光泽，两面被贴生的短粗毛，几近无柄；头状花序，多单生；花黄色，小花多数；瘦果倒卵形或楔状长圆形，具3~4棱，被密短柔毛，冠毛及冠毛环。花期几乎全年。
用途　地被植物。
原产地　西南地区及南方城市。产南美洲。
礐石分布　风景区管理局、东湖、塔山、梦之谷、龙泉洞、财政培训中心、西湖、衔远亭、文苑、寻梦台、防火景观台、西入口、桃花涧路、焰峰车道。

黄鹌菜 *Youngia japonica* (L.) DC.

菊科 Asteraceae　　黄鹌菜属

别名　黄鸡婆
特征简介　一年生草本；基生叶莲座状；全部叶及叶柄被皱波状长或短柔毛；头花序含10~20枚舌状小花，在茎枝顶端排成伞房花序，花序梗细；舌状小花黄色，花冠管外面有短柔毛；瘦果纺锤形，褐或红褐色。花果期4~10月。
用途　药用。
原产地　全国各地农田旁均有分布。中南半岛及日本、印度、菲律宾。
礐石分布　风景区管理局、塔山、梦之谷、龙泉洞。

珊瑚树 *Viburnum odoratissimum* Ker.-Gawl.

五福花科 Adoxaceae　　荚蒾属

别名　早禾树、极香荚蒾
特征简介　常绿灌木或小乔木，有凸起的小瘤状皮孔；叶革质，脉腋常有集聚簇状毛；花芳香，圆锥花序顶生或生于侧生短枝上；花冠白色，后变黄白色，有时微红，辐状；果实先红色后变黑色。花期4~5月（有时不定期开花），果期7~9月。
用途　园景树，用材，药用。
原产地　福建、湖南、广东、海南、广西、江西等地。印度、缅甸、泰国、越南。
礐石分布　风景区管理局、塔山、梦之谷、龙泉洞、寻梦台。

海桐 *Pittosporum tobira* (Thunb.) Ait

海桐科 Pittosporaceae　　海桐属

特征简介　常绿灌木，嫩枝被褐色柔毛，有皮孔。叶聚生于枝顶，二年生，革质，倒卵形或倒卵状披针形，全缘；伞形花序或伞房状伞形花序顶生或近顶生；花白色，有芳香，后变黄色；萼片卵形，被柔毛；花瓣倒披针形，离生；蒴果圆球形，内侧黄褐色；种子多角形，红色。

用途　灌木球，绿篱。

原产地　长江流域和黄河流域各地及华南、西南地区。亦见于日本及朝鲜。

碧石分布　梦之谷、龙泉洞、桃花涧路、焰峰车道。

白簕 *Eleutherococcus trifoliatus* (L.) S. Y. Hu

五加科 Araliaceae　　五加属

别名　三叶五加、三加皮、禾掌簕、鹅掌簕、刚毛白簕

特征简介　灌木；枝软弱铺散，常依持他物上升，老枝灰白色，新枝黄棕色，疏生下向刺；刺基部扁平，先端钩曲。小叶片纸质，稀膜质，椭圆状卵形至椭圆状长圆形，伞形花序，有花多数，稀少数；花梗细长，无毛；花黄绿色；花瓣5，三角状卵形，开花时反曲。果实扁球形，黑色。花期8~11月，果期9~12月。

用途　观赏，药用，食用。

原产地　广布于我国中部和南部。印度、越南和菲律宾也有。

碧石分布　财政培训中心。

幌伞枫 *Heteropanax fragrans* (Roxb.) Seem

五加科 Araliaceae　　幌伞枫属

别名　五加通、大蛇药、心叶幌伞枫、狭叶幌伞枫

特征简介　乔木，高达30m。小叶对生，纸质，先端短渐尖，基部楔形，全缘，无毛；伞形花序密集成头状，总状排列，组成顶生圆锥花序，密被锈色星状茸毛，后渐脱落；花萼、花瓣均被毛；果扁球形。

用途　园景树，药用。

原产地　云南和广东。印度也有分布。

碧石分布　东湖、塔山。

福禄桐 *Polyscias guilfoylei* (W.Bull) L.H.Bailey.

五加科 Araliaceae　　　　　**南洋参属**

别名　圆叶南洋参、南洋森
特征简介　常绿灌木或小乔木。高5m，雌雄同株。小叶通常杂色，纸质，边缘锯齿，先端钝，宽尖或渐尖。花序顶生，下垂，伞形花序圆锥形；末端有双性花的伞形花序；花柱离生近基部，在果期倒伏。很少见到的果，近球形。
用途　室内观赏。
原产地　广东、广西、福建、台湾等地引种栽培。原产于太平洋群岛。
礐石分布　财政培训中心。

鹅掌藤 *Heptapleurum arboricola* Hay.

五加科 Araliaceae　　　　　**鹅掌柴属**

别名　七加皮、招财树
特征简介　藤状灌木；小枝有不规则纵皱纹，无毛。叶柄纤细；小叶片革质，上面深绿色，有光泽，下面灰绿色，两面均无毛，边缘全缘；小叶柄有狭沟，无毛。圆锥花序顶生，伞形花序十几个至几十个总状排列在分枝上；花白色，果实卵形。花期7月，果期8月。
用途　灌木球，绿篱。
原产地　台湾、广西及广东。
礐石分布　金山中学。

花叶鹅掌藤 *Heptapleurum arboricola* 'Variegata'

五加科 Araliaceae　　　　　**鹅掌柴属**

特征简介　常绿藤状灌木。小枝无毛。小叶有金黄色斑纹；叶柄纤细，小叶两面无毛，全缘。圆锥花序顶生，主轴和分枝幼时密生星状茸毛，后渐脱净；伞形花序多个总状排列在分枝上；花白色，花瓣5~6，有3脉。果实卵形。花期7~10月；果期8~12月。
用途　灌木球，绿篱。
原产地　南方常栽培。
礐石分布　塔山。

鹅掌柴 *Heptapleurum heptaphyllum* (L.) Y. F. Deng

五加科 Araliaceae　　　　鹅掌柴属

别名　鸭脚木、鸭母树、红花鹅掌柴

特征简介　乔木或灌木；小枝粗壮。小叶边缘全缘；圆锥花序顶生，主轴和分枝幼时密生星状短柔毛，后毛渐脱稀；分枝斜生，有总状排列的伞形花序几个至十几个；总花梗纤细，小苞片小，宿存；花白色；花盘平坦。果实球形，黑色，有不明显的棱。花期11~12月，果期12月。

用途　蜜源植物。

原产地　西藏、云南、广西、广东、浙江、福建和台湾。日本、越南和印度也有分布。

礐石分布　塔山、梦之谷、龙泉洞、财政培训中心、第三人民医院、西湖、衔远亭、文苑、野猪林、寻梦台、防火景观台、西入口、桃花涧路、焰峰车道。

孔雀木 *Schefflera elegantissima* (Veitch ex Mast.) Lowry et Frodin

五加科 Araliaceae　　　　南鹅掌柴属

特征简介　常绿观叶小乔木或灌木，盆栽时常在2m以下。树干和叶柄都有乳白色的斑点。叶互生，掌状复叶，条状披针形，边缘有锯齿或羽状分裂，幼叶紫红色，后成深绿色。叶脉褐色，总叶柄细长。复伞状花序，生于茎顶叶腋处，小花黄绿色不显著。

用途　观赏，药用。

原产地　华南地区引种栽培。原产澳大利亚、太平洋群岛。

礐石分布　财政培训中心。

澳洲鸭脚木 *Schefflera macrostachya* (Benth.) Harms.

五加科 Araliaceae **南鹅掌柴属**

特征简介 常绿乔木；茎秆直立，干光滑，少分枝，初生嫩枝绿色，后呈褐色，平滑，逐渐木质化。叶为掌状复叶，革质，叶面浓绿色。有光泽，叶背淡绿色。叶柄红褐色，长椭圆形，先端钝。小叶数随树木的年龄而异。花为圆锥状花序，小型。浆果，圆球形，熟时紫红色。

用途 观赏。

原产地 海南、广东、福建等地有引种栽培。原产澳大利亚。

礐石分布 塔山、财政培训中心、广场、绿岛。

铜钱草 *Hydrocotyle hookeri* subsp. *chinensis* (Dunn ex R. H. Shan et S. L. Liou) M. F. Watson et M. L. Sheh

伞形科 Apiaceae **天胡荽属**

别名 中华天胡荽、地弹花

特征简介 多年生挺水或湿生观赏植物。植株具有蔓生性，株高5~15cm，节上常生根。茎顶端呈褐色。叶互生，具长柄，圆盾形，缘波状，叶子翠绿色有蜡质光泽。伞形花序，小花白粉色。花期6~8月。

用途 水生绿化植物。

原产地 中国各地均有栽培。欧洲、北美洲。

礐石分布 金山中学。

碧石风景名胜区小地名图

图　例

- ⬚ 红线范围
- ① 东出入口
- ② 北出入口
- ③ 海角石林
- ④ 天坛花园
- ⑤ 衔远亭
- ⑥ 市烈士陵园
- ⑦ 艾苑
- ⑧ 九龙湖
- ⑨ 李梨英墓
- ⑩ 幽谷茶村
- ⑪ 焰峰眺远
- ⑫ 狮岩象岩
- ⑬ 狮泉茶屋
- ⑭ 桃源山庄
- ⑮ 白兔洞
- ⑯ 情人洞
- ⑰ 梦之谷
- ⑱ 织梦亭
- ⑲ 龙泉洞
- ⑳ 小营鞋石
- ㉑ 三叠洞
- ㉒ 工人疗养院
- ㉓ 曲径红棉
- ㉔ 西出入口
- ㉕ 七层洞
- ㉖ 晃动石
- ㉗ 苍鹰浴日
- ㉘ 莲花峰
- ㉙ 巨蟒朝阳
- ㉚ 水裕洞天
- ㉛ 飞来石
- ㉜ 飘然亭
- ㉝ 流丹阁
- ㉞ 盟鸥亭
- ㉟ 通天洞
- ㊱ 塔山牌坊
- ㊲ 迎春楼
- ㊳ 驼鸟峰
- ㊴ 龙珠石
- ㊵ 海狗石
- ㊶ 东湖
- ㊷ 西湖
- ㊸ 碧石风景管理局
- ㊹ 英国领事馆旧址

中文名索引